U0103970

食茶联句

蔡昌隆【撰】
卢瑞华【书】

南方传媒
嶺南美術出版社
中国·广州

图书在版编目（CIP）数据

食茶联句 / 蔡昌隆撰；卢瑞华书. —广州：岭南美术出版社，2024.2
ISBN 978-7-5362-7975-9

Ⅰ. ①食… Ⅱ. ①蔡…②卢… Ⅲ. ①茶文化—中国②对联—作品集—中国 Ⅳ. ①TS971.21②I269

中国国家版本馆CIP数据核字(2024)第012841号

策　　划：蔡润霖
责任编辑：彭　辉
责任技编：谢　芸

食茶联句
SHI CHA LIANJU

出版、总发行：岭南美术出版社（网址：www.lnysw.net）
（广州市天河区海安路19号14楼 邮编：510627）
经　　销：全国新华书店
印　　刷：广州市友盛彩印有限公司
版　　次：2024年2月第1版
印　　次：2024年2月第1次印刷
开　　本：889 mm×1194 mm　1/16
印　　张：12
字　　数：88千字
印　　数：1—2000册
ISBN 978-7-5362-7975-9
定　　价：218.00元

作者简介

卢瑞华

1938 年出生，广东潮州人，1963 年中山大学物理系毕业，1966 年 9 月研究生毕业于中山大学物理系分子光谱学专业。高级工程师、教授。曾任中共广东省委副书记、广东省省长，现任中国国际经济交流中心副理事长、中山大学管理学院名誉院长、博士生导师。中共第十四届中央候补委员、第十五届中央委员。

卢瑞华先生曾出版《卢瑞华行书集》（荣宝斋出版社）等书法集，主编《工夫茶文化》等多部书籍。先后为不少慈善团体、学校以及文学、艺术作品题字。其书法作品被故宫博物院、首都博物馆等有关机构收藏。

作者简介

蔡昌隆

广东潮州人，自幼喜欢传统文化，犹喜食茶，于食茶间创作了几百句《食茶联句》。

1999 年创号“天润斋”，以弘扬传统文化。为弘扬潮州文化，以“天润斋”为底款，精选潮州朱泥壶，刻上卢瑞华省长的书法，百分百还原他的书法，“一壶一书法，双清双雅心”，壶与书法完美结合，呈现了当代潮州最具代表性的人文精神，被誉为潮州最具代表性的手信。

有闲来食茶

序言：茶与艺术都不辜负

茶为国饮，自古及今深受世人喜爱。于食茶中可以涵养中正之气、和合之气、清贵之气以及浩然之气。文人雅士更是在食茶中留下大量不朽诗词歌赋文,激励和让人体会明了食茶过程中的境凝神聚以及那种安住、自在、真实的心悦。

《食茶联句》以联句形式，表达食茶中的各种味道和体会感知，句短意深，让人眼前一亮，会心一朗：茶原来还可以这样喝。一边食茶、一边遣词造句、彼此印照，此情此景只可意会，茶后韵还在。正如集中句：“天地何其广，茶茗一杯余”“茗香若醉，雅致如春”“一杯念起，余岁痴生”。想想还是找闲食杯茶。

《食茶联句》另一个亮点是将传统的书法艺术和传统茶文化完美结合，这两种文化展现的是中华民族千百年来的智慧和精神追求。茶文化不仅是书法艺术的理念素材、精神寄托，同时茶文化的理念内涵以及传承、发展、提升也需借助书法艺术的表述，而书法艺术也不仅是一种简单直观的视觉感知，更是一种非常好的精神理念的诠释。卢瑞华省长的书法作品祥和、静藹、隐逸又有喜气、意懂文而随心欲，久看见真功，久视更觉美，真如一杯好茶，因而该结合非常好地诠释了传统的哲学和人文思维内涵，读之油然而生慕然神往之念。

《食茶联句》也谱写了一段传奇的友谊。我常得卢瑞华省长教益，与蔡昌隆仁弟也熟悉，深为他们间的友谊感动、感慨。蔡昌隆仁弟可以说是名不见经传，却深受德高望重的广东省原省长卢瑞华先生的“相惜”。他们经常一起茶叙、拟词琢磨推敲句子，偶有佳句，卢瑞华省长欣然提笔书之，以之为食茶之余韵。诚然抛开世俗所谓的一切，完全无视年龄、地位等之念，正如集中句“眼里无所系，心中独一茶”，这诠释了什么才是君子之交淡如水！恰好演绎了“茶无上品，适口为珍之道也”。

大道不孤，众行致远。

潮州是一座浸泡在茶中的古城，潮州工夫天下茶。食茶，食茶，像我的另一句清言所说：“食茶就是拿起放下，生命无非呼吸之间。”让我们通过茶与艺术，丰富自己，领悟人生。

是为序。

砚峰山人 李闻海

癸卯年十二月一日，于砚峰书院山海堂

李闻海，号砚峰山人，1957 年出生，高级经济师，现任泰国正大集团副总裁、南京工业大学浦江学院董事长、砚峰书院山长，广东省全球招商顾问。

山人茶约
老班章
古树

目 录

图版

茗香

品四时风景　享岁月精华

水墨纸本　56cm×34cm

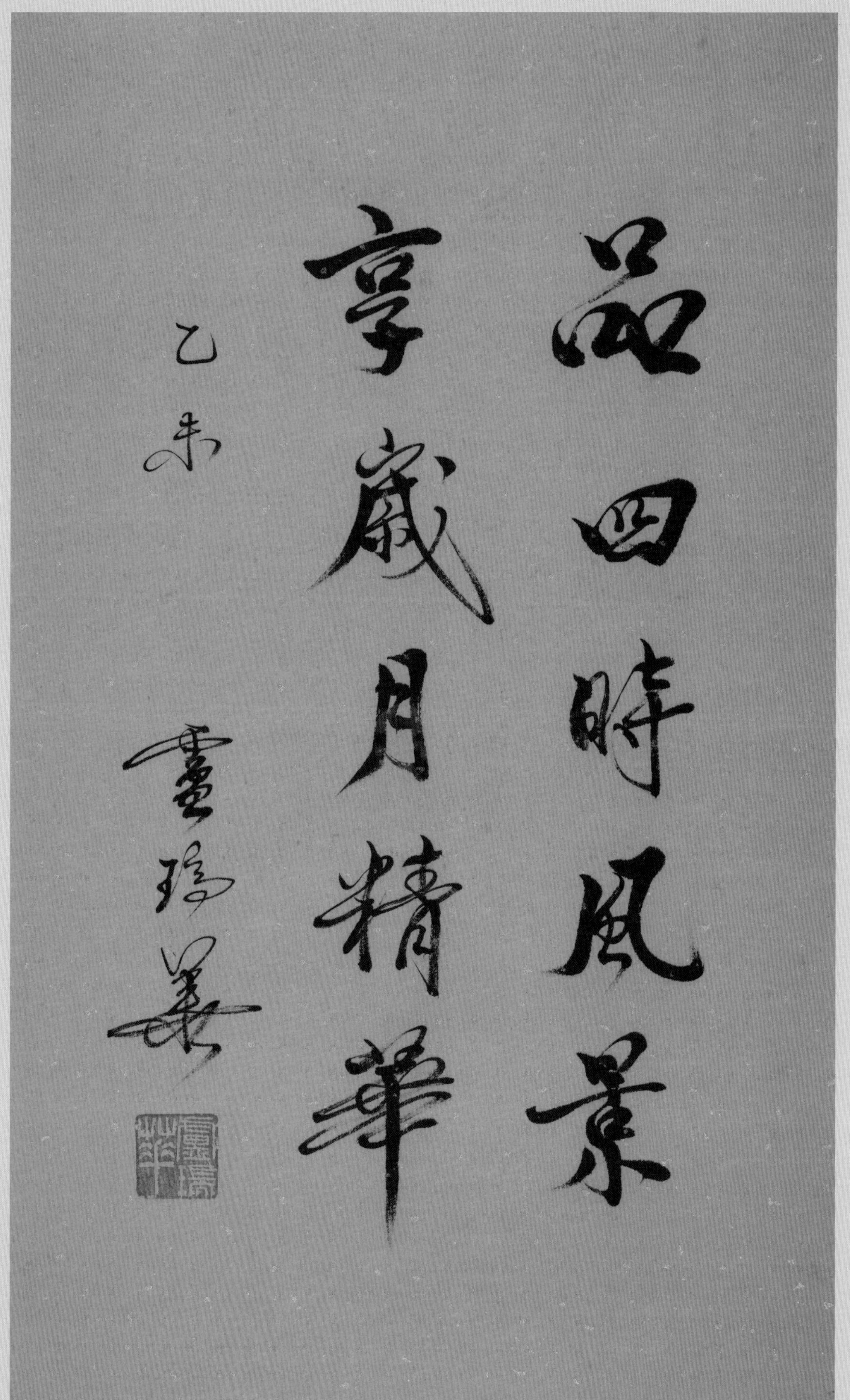

清心

茶拂尘　静润身

水墨纸本　56cm × 34cm

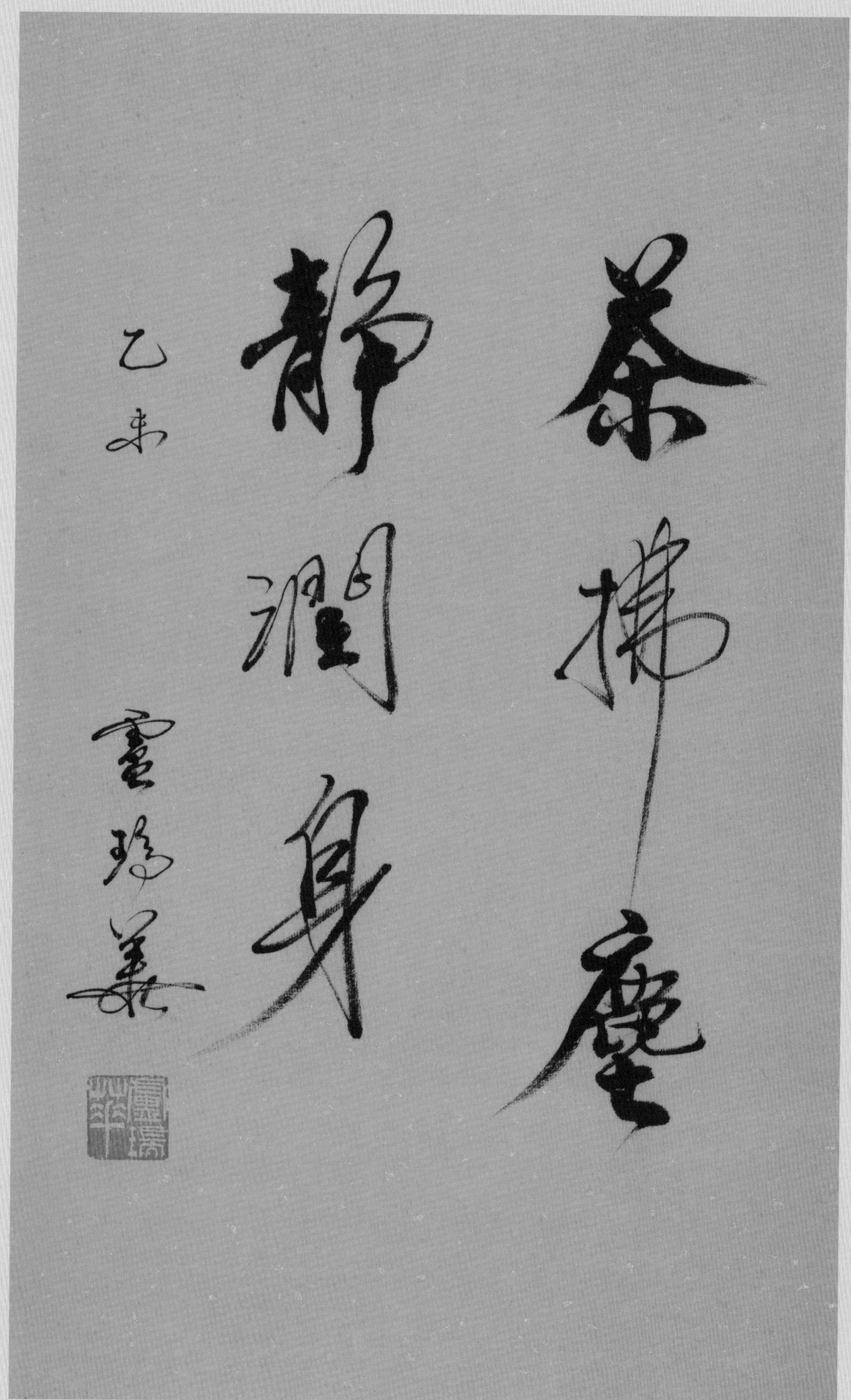

茶韵

喝树叶汁有幽雅　汲时光情得清心

水墨纸本　56cm × 34cm

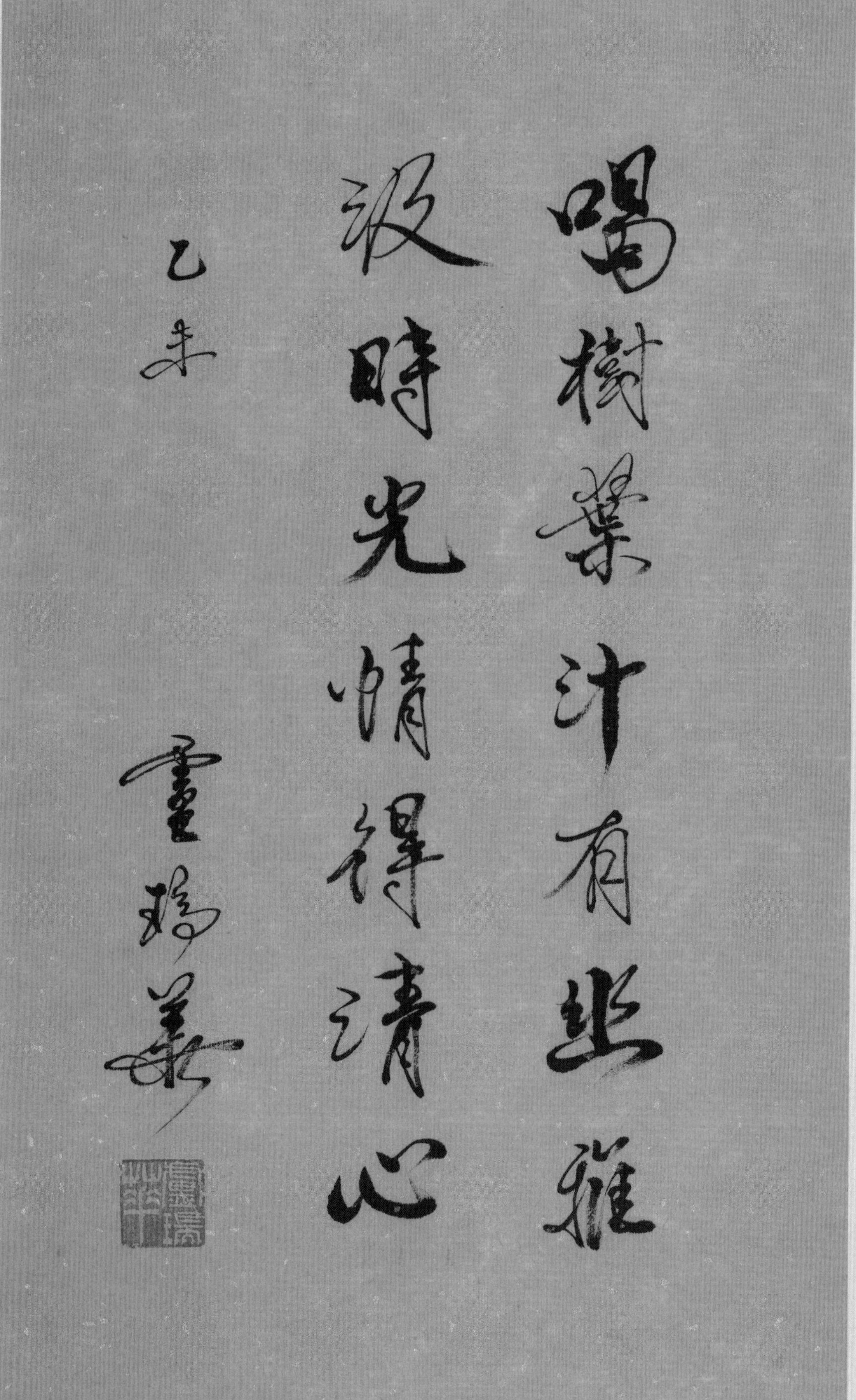

自在

茶·茶汤做言语　杯数当金兰

水墨纸本　68cm×34cm

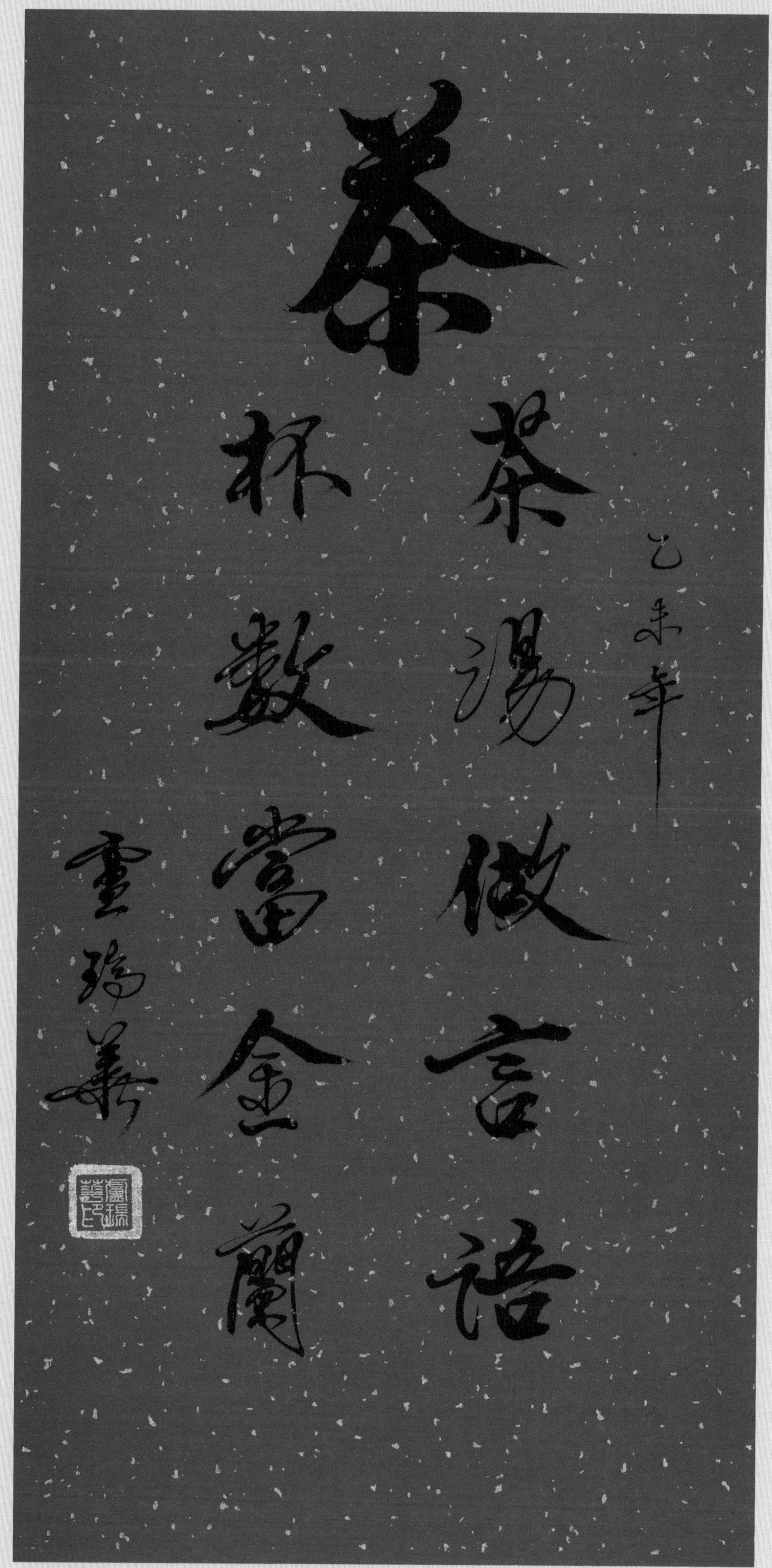

茶·闻茶听心曲　把盏读眼神

水墨纸本　68cm×34cm

福

茶·有梦总淡然　无我本融通

水墨纸本　68cm×34cm

順

茶·八分一杯茗　千古三昧天

水墨纸本　68cm×34cm

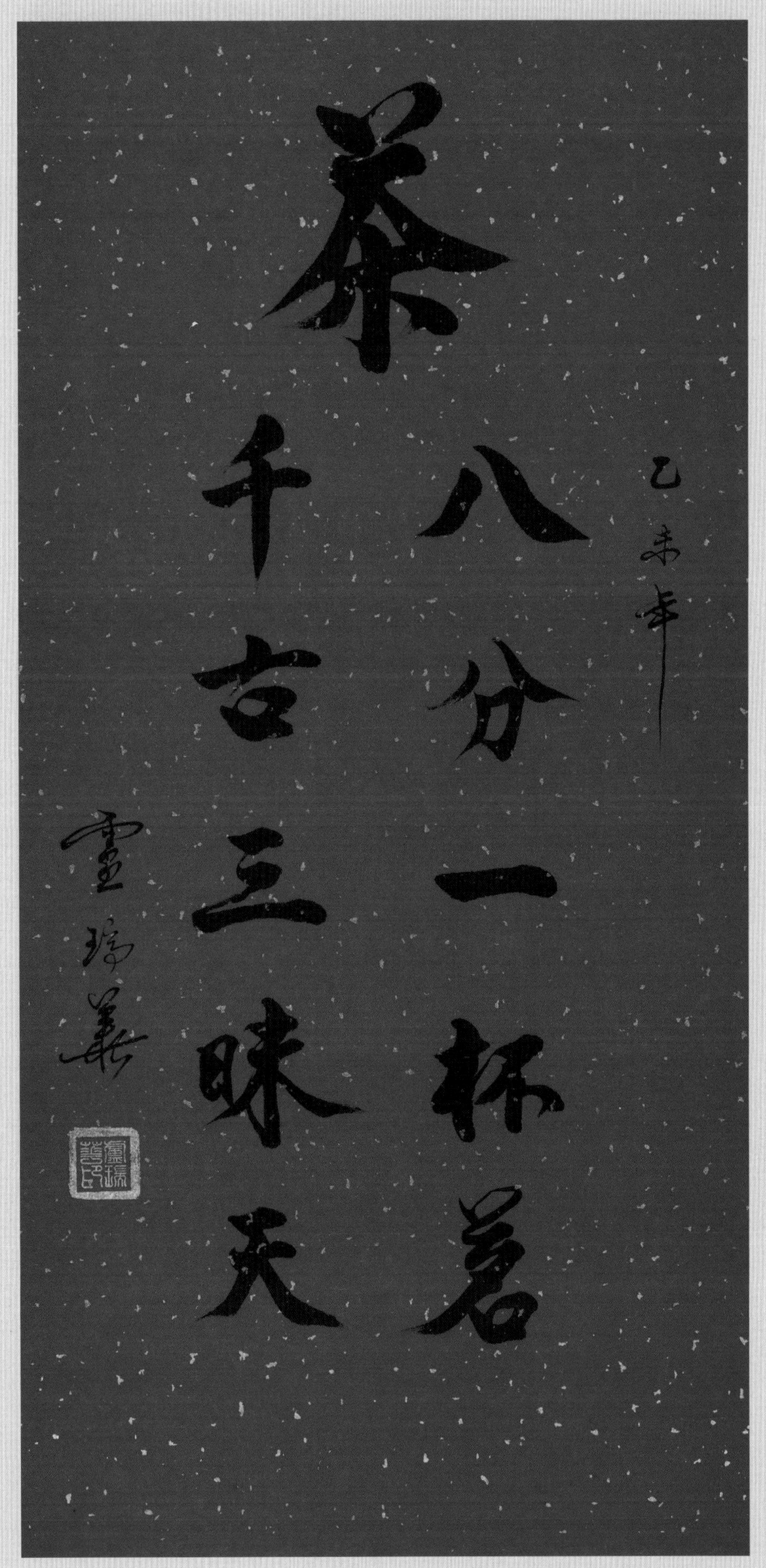

和風順意

茶·一壶一书法　双清双雅心

水墨纸本　68cm×34cm

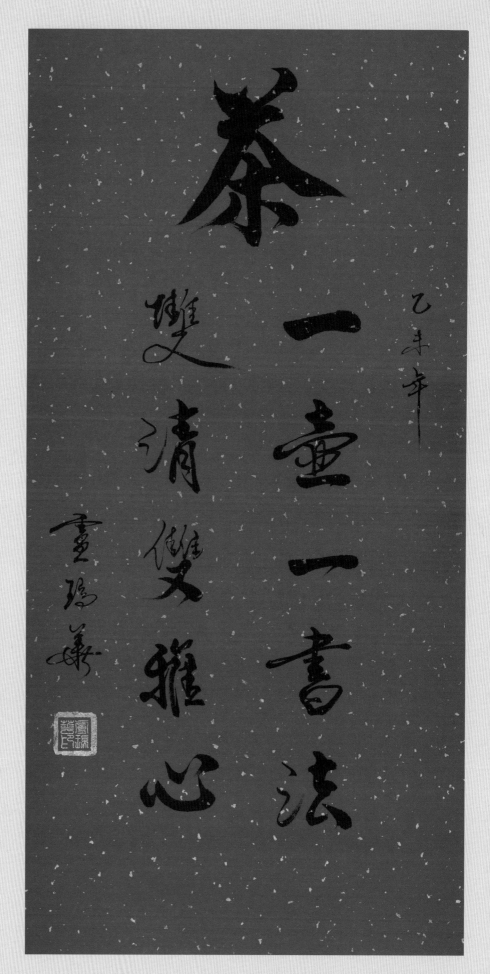

金生麗水

品一盏茗韵　读半阕清词

水墨纸本　68cm×34cm

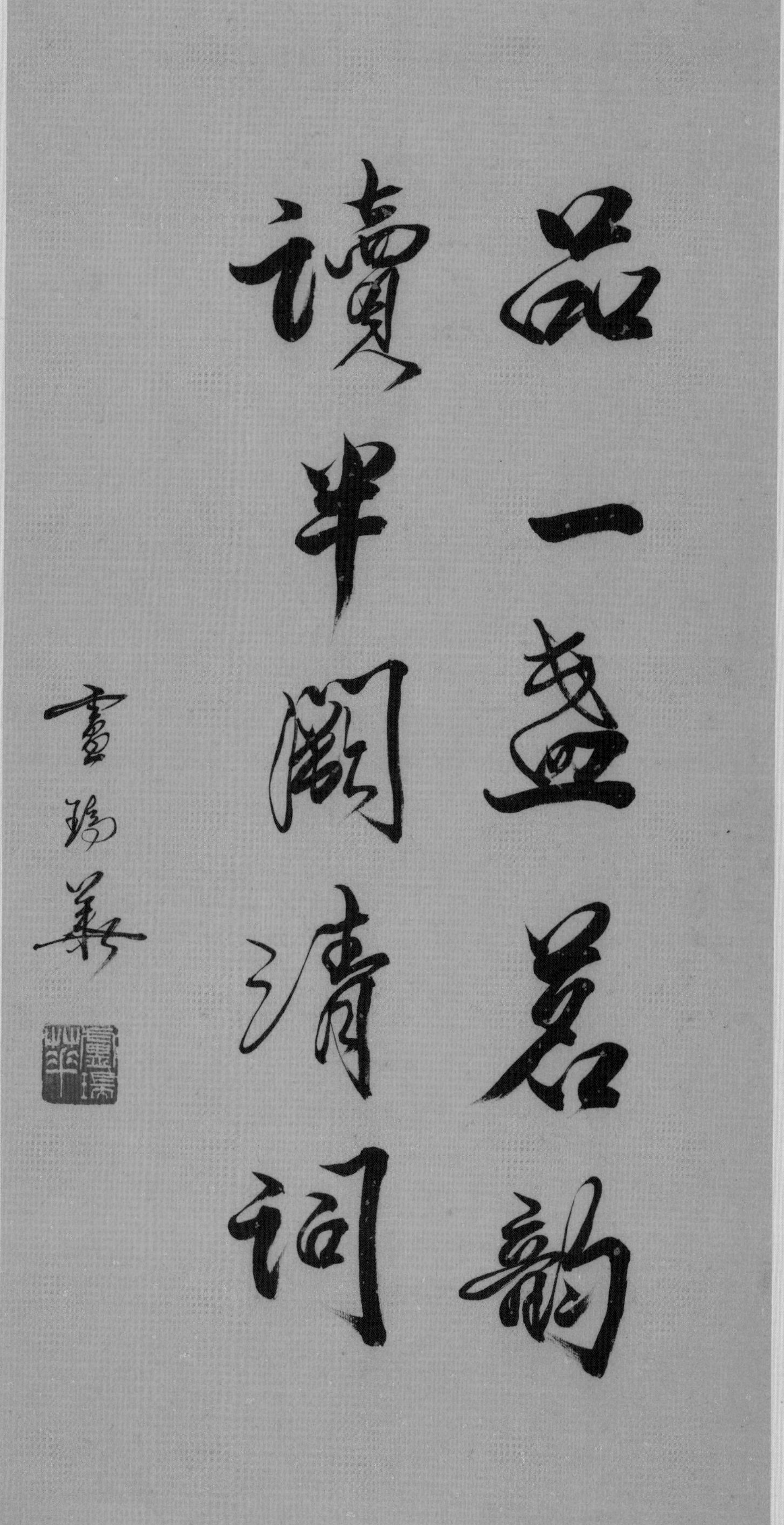

纳吉集祥

茶香有恬淡　室静无风尘

水墨纸本　68cm×34cm

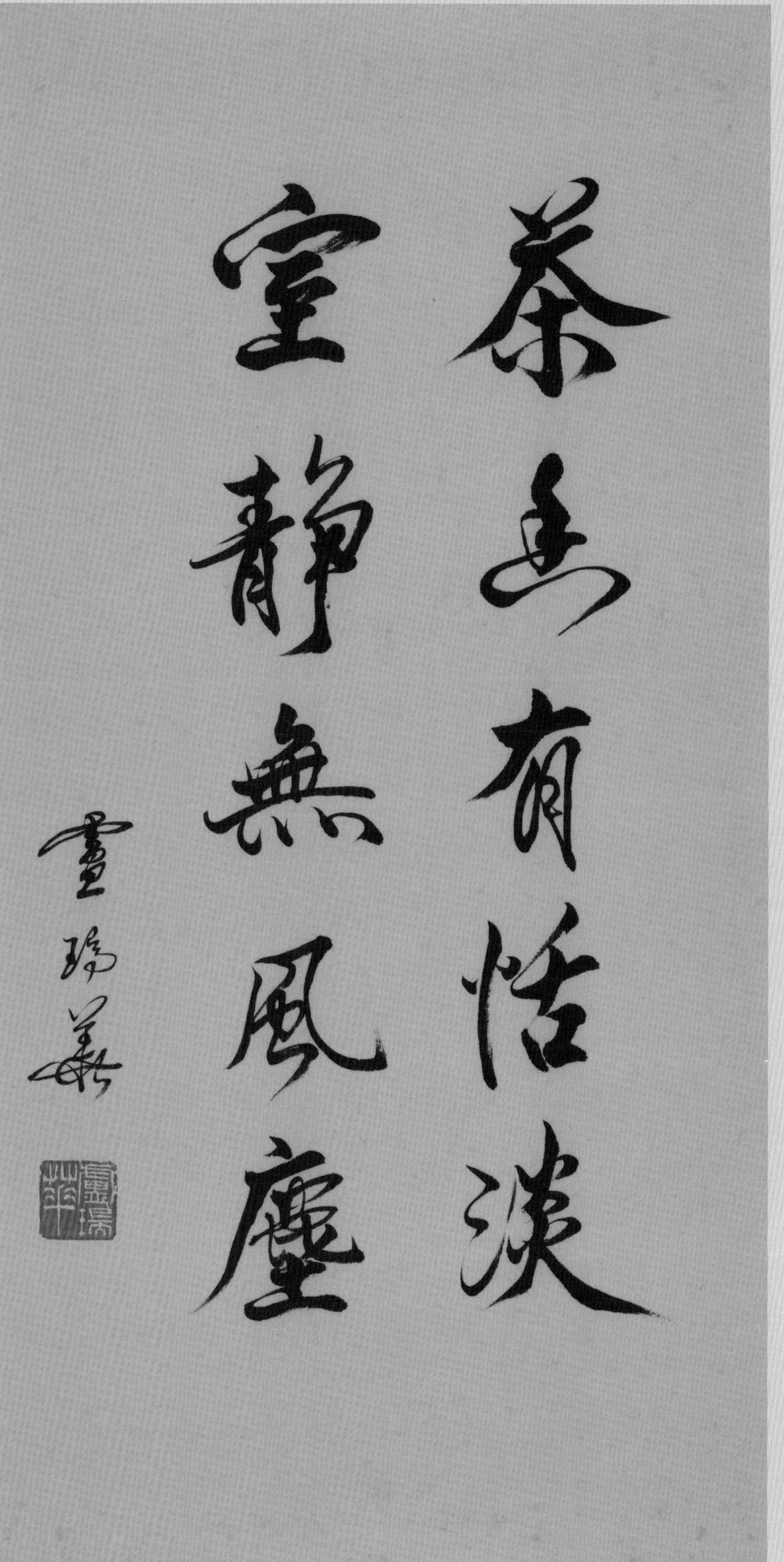

福

水静鉴茗韵　心定觉道长

水墨纸本　68cm×34cm

紫氣東來

品四时风景　享岁月精华

水墨纸本　90cm×50cm

心清德明

茶香洗梦　墨韵涤心

水墨纸本　90cm×50cm

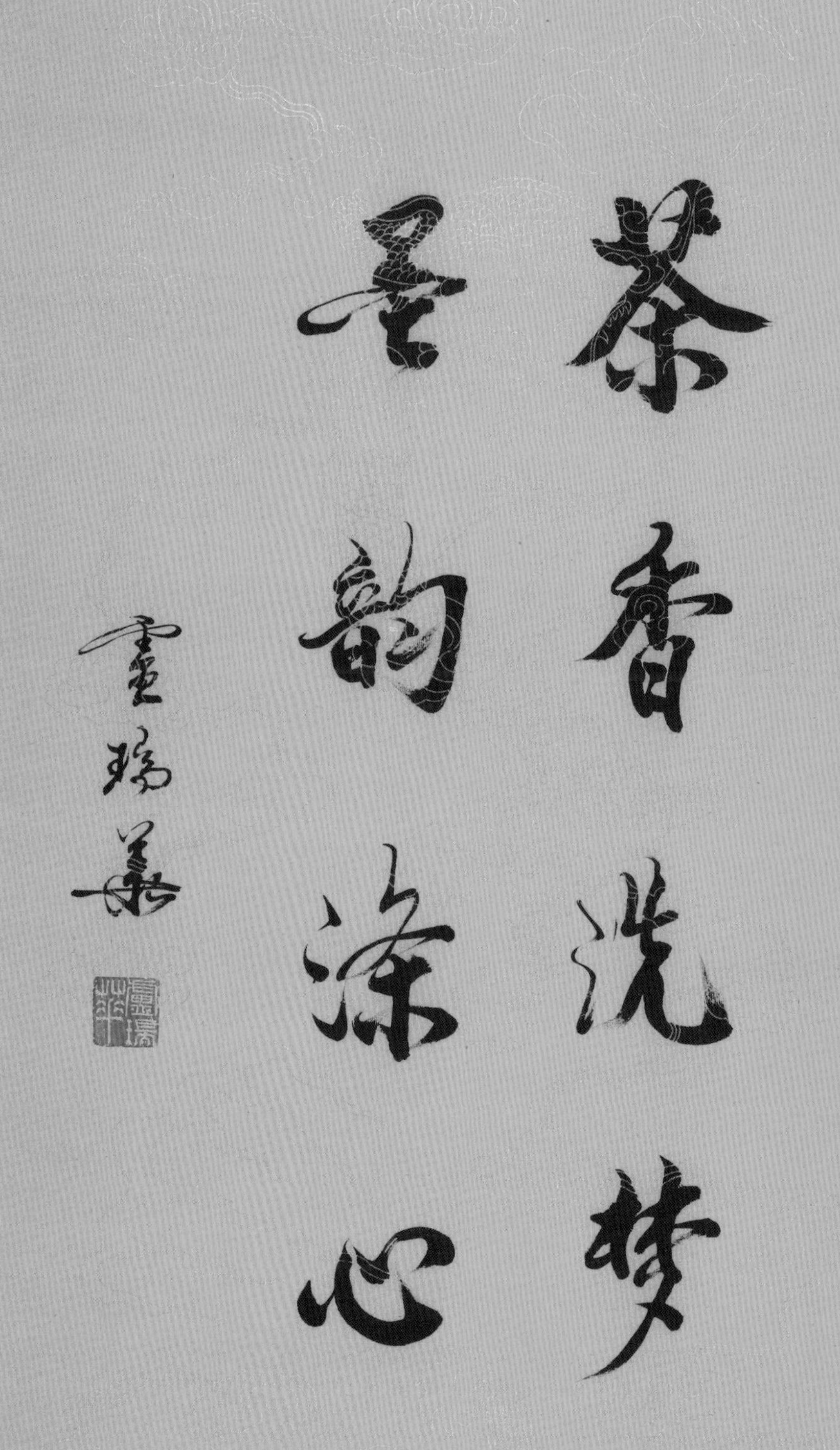

步步高

一茗亮胸臆　三杯洗尘心

水墨纸本　90cm×50cm

常得所喜

抱壶无俗念　品茗自清心

水墨纸本　90cm×50cm

美意延年

禅茶无尘处　胜景平常心

水墨纸本　90cm×50cm

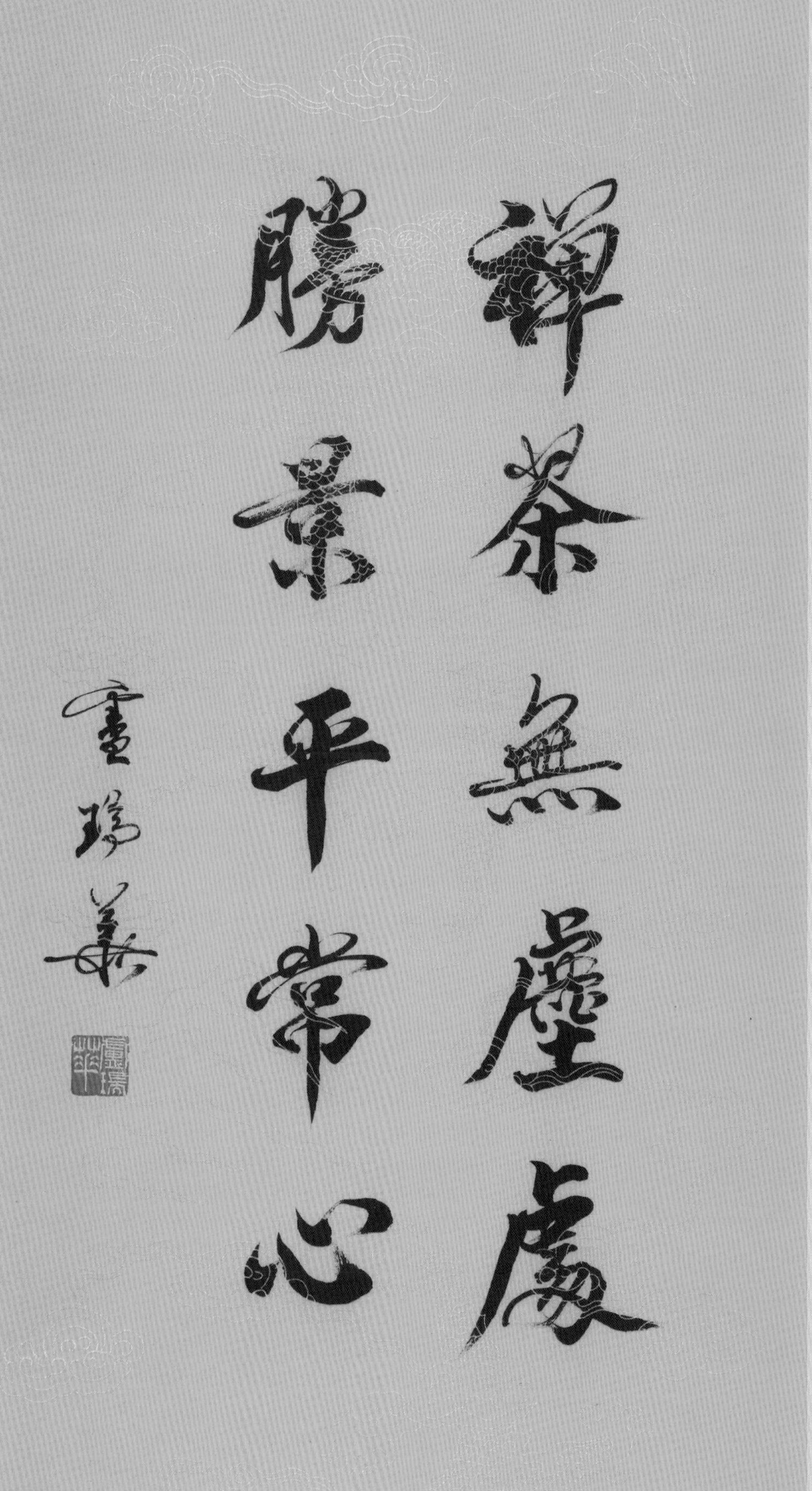

年年有余

茶·一壶品古今　三杯读晓昏

水墨纸本　120cm×50cm

長樂

茶·一杯念起　余岁痴生

水墨纸本　120cm×50cm

自在

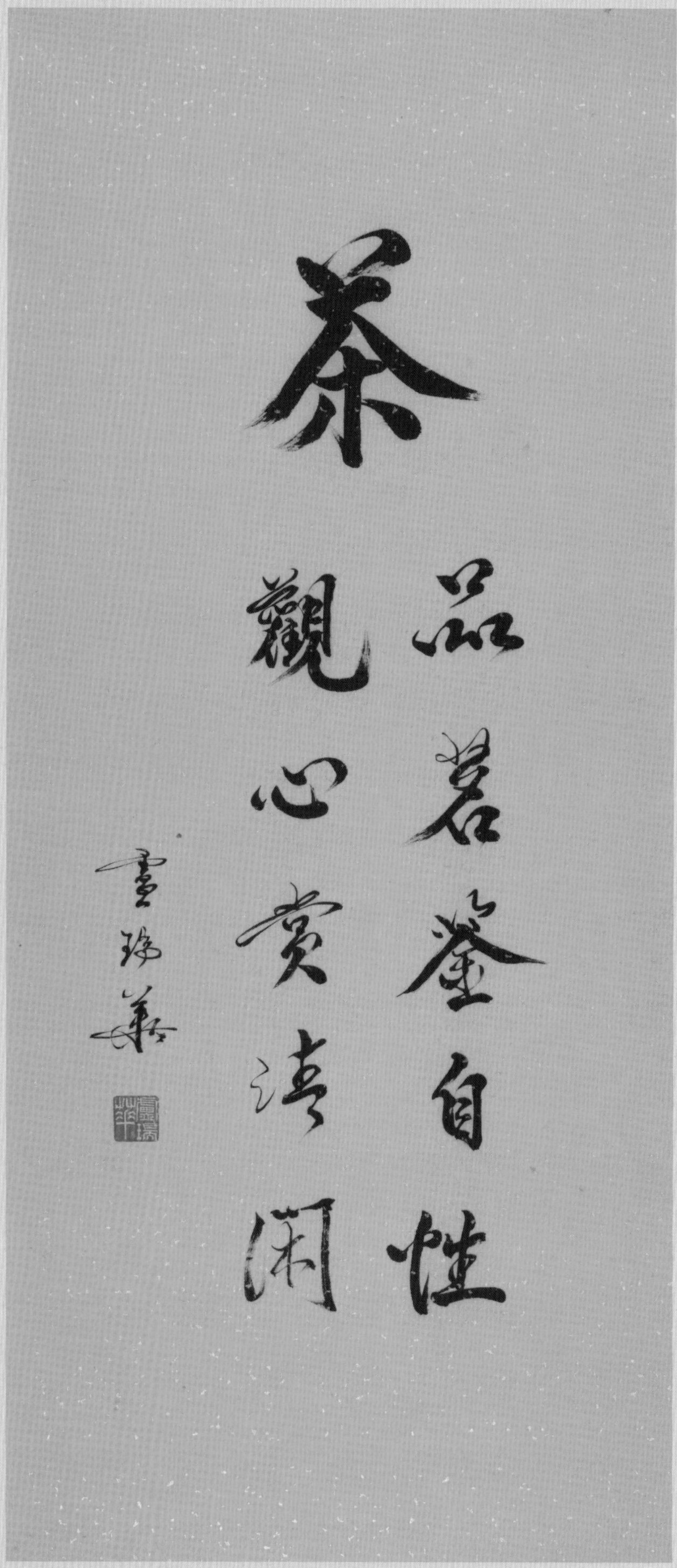

茶·品茗鉴自性　观心赏清闲

水墨纸本　120cm×50cm

茶禪一味

茶·以逸为事 得茗自悟

水墨纸本 120cm×50cm

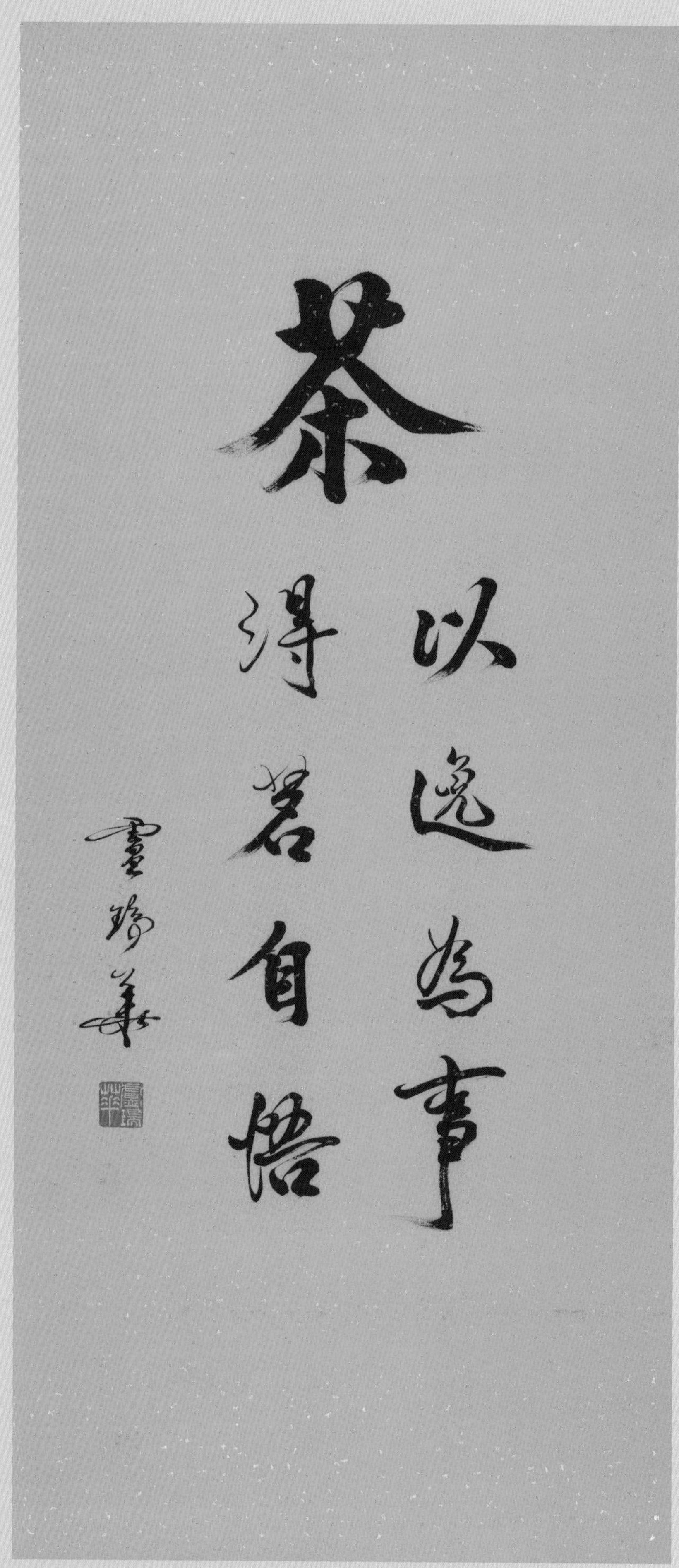

吉祥

茶·提壶相以沫　起杯又与共

水墨纸本　120cm×50cm

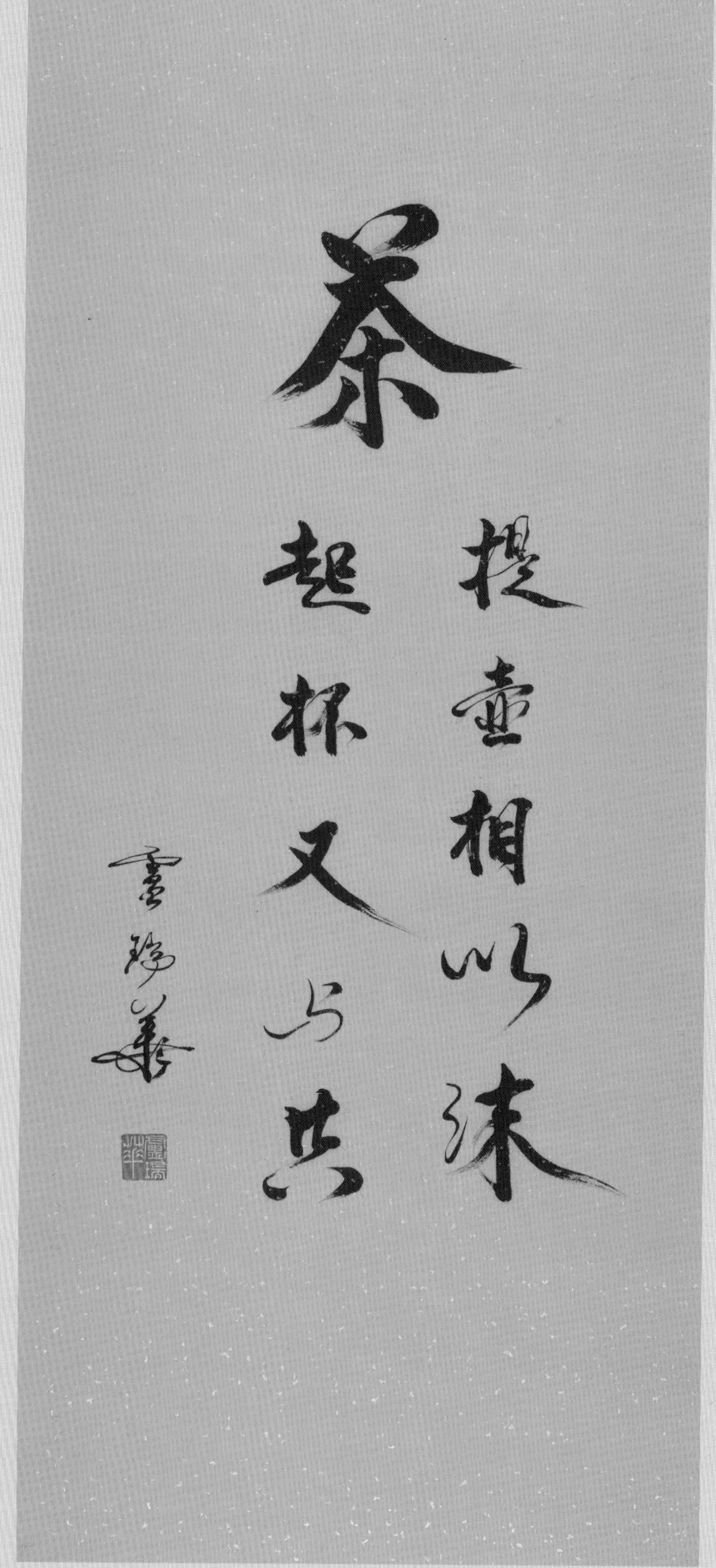

众缘和合

茶·品茗不为味　往来在乎心

水墨纸本　135cm×48cm

福

茶·饮茶常借静　得味当与心

水墨纸本　135cm×48cm

有闲来食茶

茶·问茶味几许　把盏韵不绝

水墨纸本　135cm×48cm

和風順意

闻茶心似水　把盏气如兰

水墨纸本　137cm × 47cm

寧静致遠

向首何吾慰　面茶足余宽

水墨纸本　137cm×47cm

聚友滙和

茶缘多相益　茗聚且润心

水墨纸本　141cm×48cm

茶静烦尘远　人定毓秀生

水墨纸本　143cm×47cm

心想事成

茶·一缕茶香通心肺　二杯茗韵去妄心

水墨纸本　142cm×48cm

竹雨松风

茶·持壶感恩天地味　把盏珍惜自然情

水墨纸本　142cm×48cm

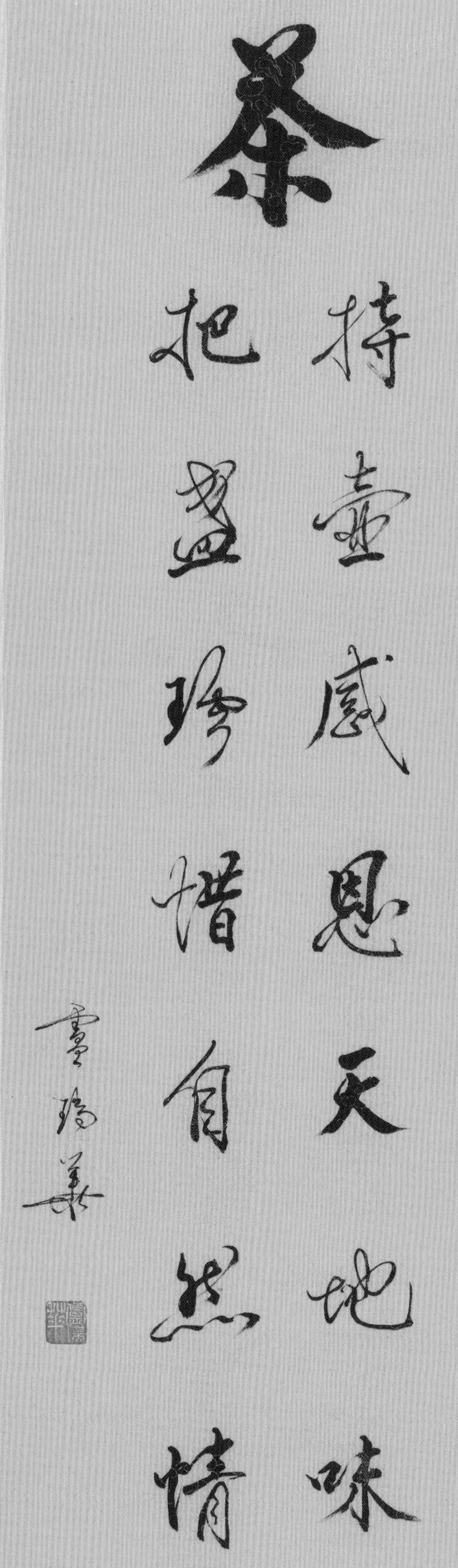

行穩致遠

茶·一壶禅味　半杯清茶

水墨纸本　140cm×40cm

茶·茗茶一盏　心境两清

水墨纸本　140cm×48cm

福

茶·面茶临山谷　把盏乐小居

水墨纸本　140cm × 48cm

面茶临山谷

把盏乐小居

有闲来食茶

茶·一茗滋际遇　三杯润尘缘

水墨纸本　140cm×48cm

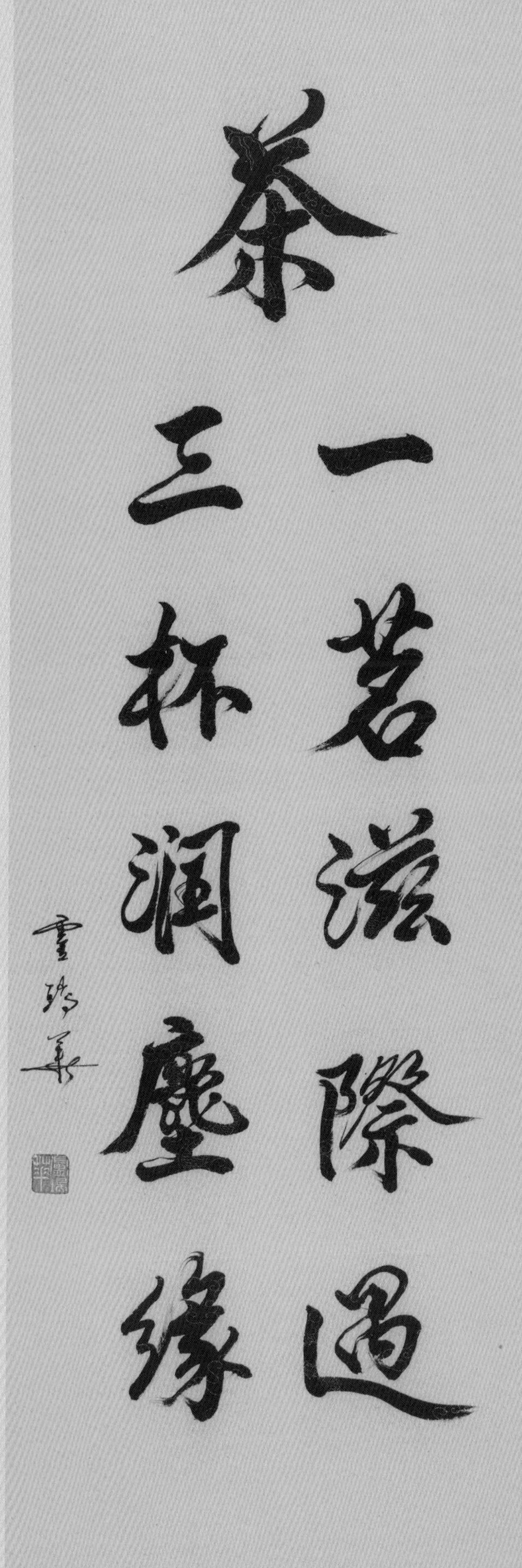

福

茶·煮一壶霜雨露　喝四季精气神

水墨纸本　147cm×48cm

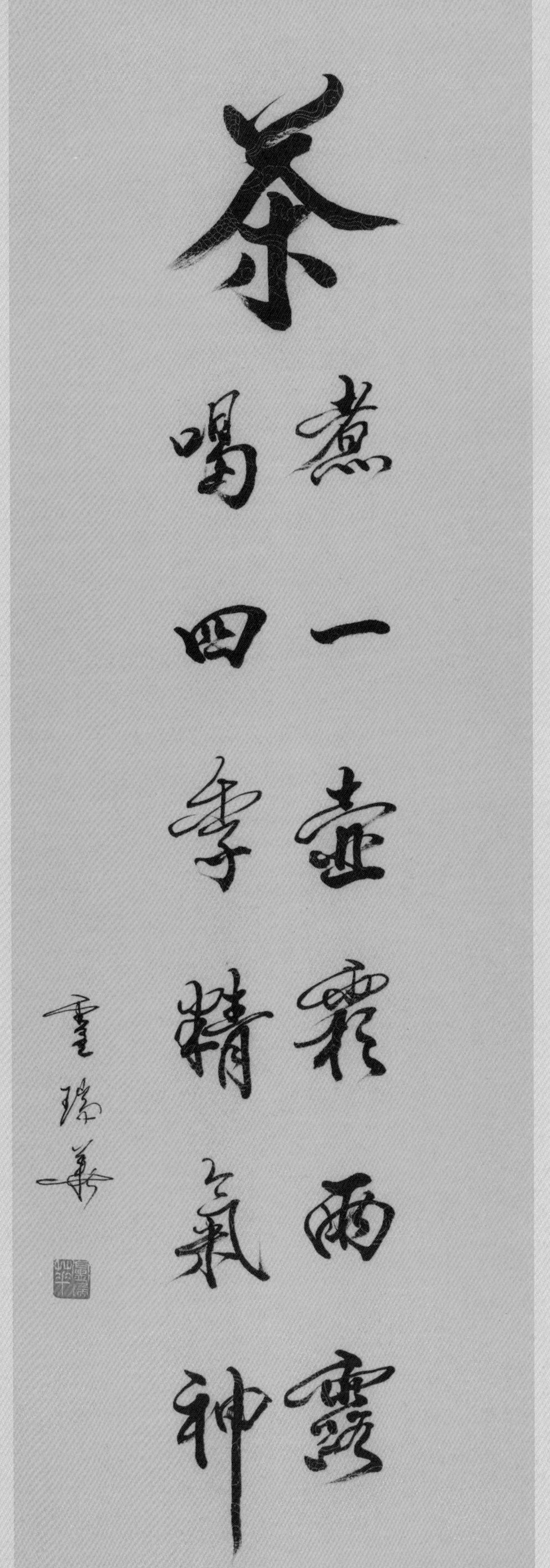

福

茶·只知喝茶静美　不晓流年蹉跎

水墨纸本　147cm×48cm

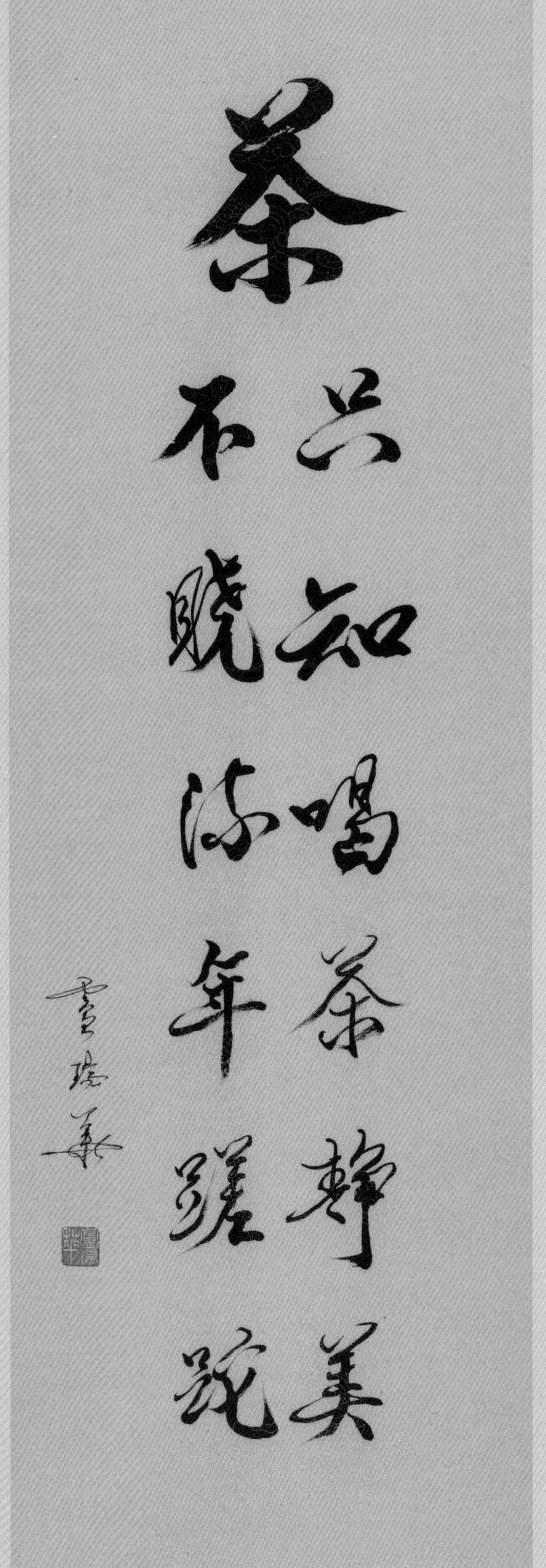

追求卓越

茶·一心自虚妄　万茶只清香

水墨纸本　140cm×48cm

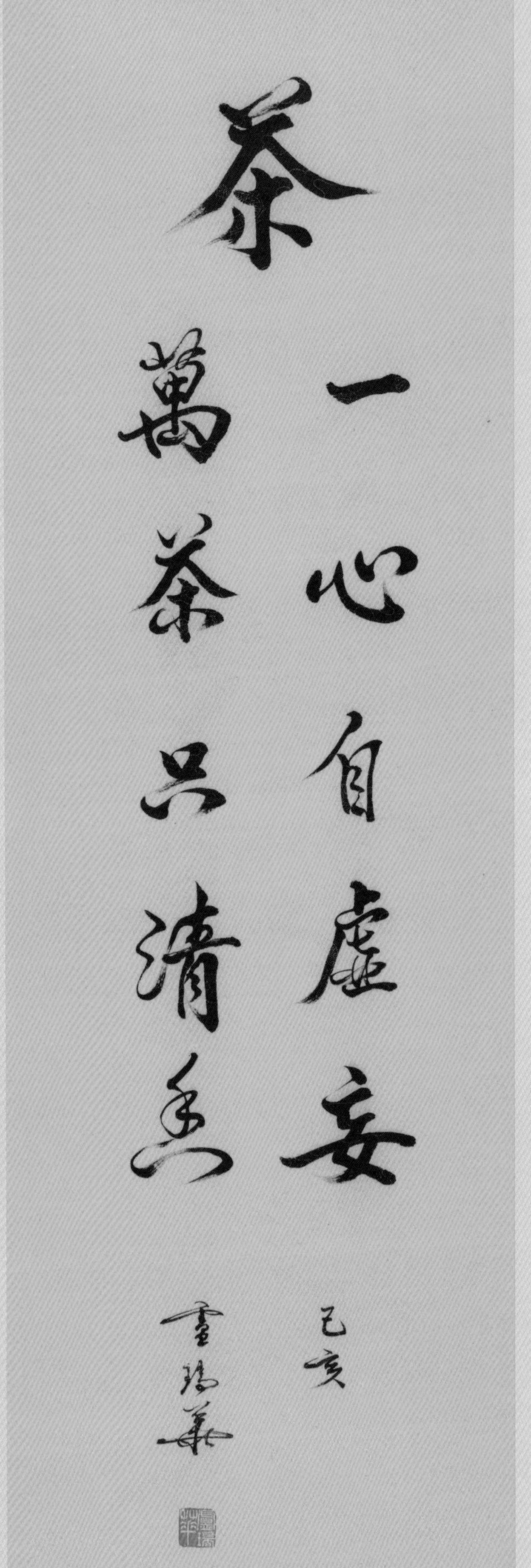

自強不息

茶·与时序同趣　跟岁月共鸣

水墨纸本　140cm × 48cm

年年有余

茶·一茗当下　五岳及之

水墨纸本　142cm×48cm

鸿福

茶·茶到痴处　人在福中

水墨纸本　142cm×48cm

永受嘉福

茶·如实地茶韵　当蓬莱仙源

水墨纸本　141cm×48cm

福

茶·随月古今览　借茶春秋读

水墨纸本　141cm×48cm

敬业乐群

茶·茶香忘所处　心清得其居

水墨纸本　140cm×48cm

平安

茶·茶似山蕴玉　韵如水养鱼

水墨纸本　140cm×48cm

茶·不事身心外　只好茶茗香

水墨纸本　140cm×48cm

心清德明

茶·借茶涤世味　随茗游山川

水墨纸本　140cm×48cm

心静無塵

茶·一茗未必一味　三杯何须三思

水墨纸本　142cm×48cm

鴻福

莫与时人比高低　且看茶叶忽沉浮

水墨纸本　141cm×48cm

知行合一

若有禅茶味　何须言语声

水墨纸本　141cm×48cm

寧靜致遠

随茶心不竞　陪静意无争

水墨纸本　141cm×48cm

平安

茶淡成瘾处　心静觉宽余

水墨纸本　140cm×48cm

寿

茶·半盏清茗味　一颗闲心情

水墨纸本　140cm×48cm

百年好合

茶·揽一壶茶趣　拾几缕清风

水墨纸本　141cm×48cm

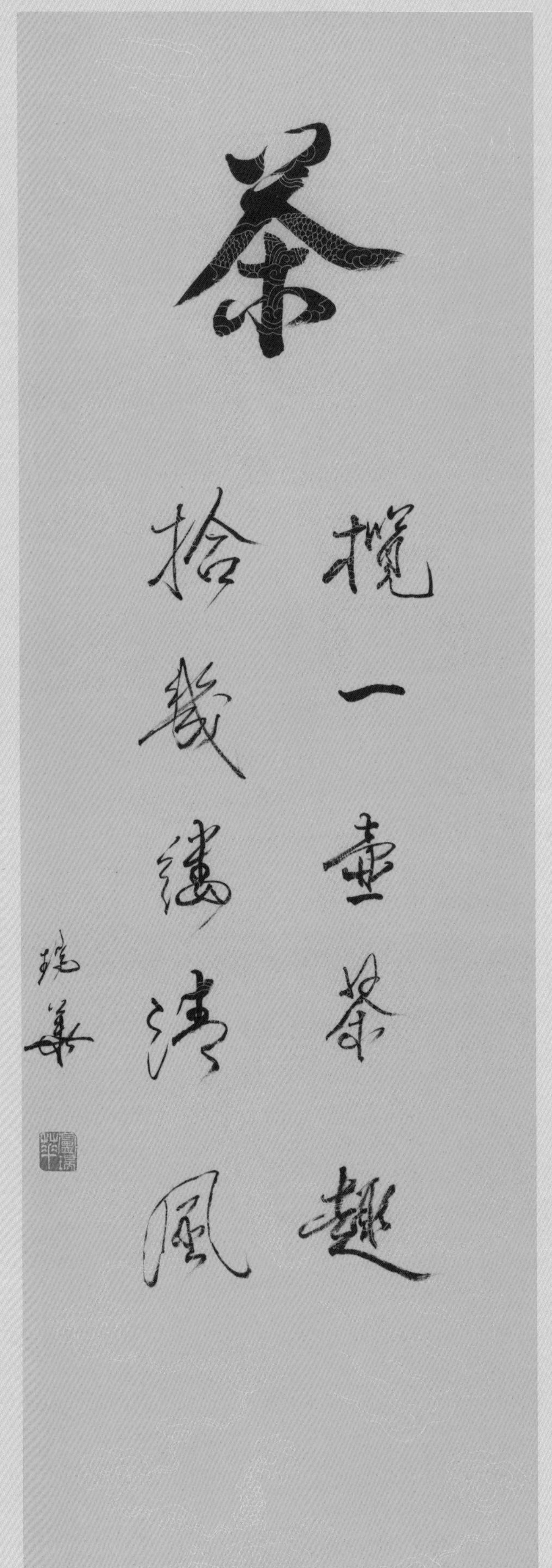

茶道

茶·茶香含鸿瑞　德门蕴雅风

水墨纸本　141cm×48cm

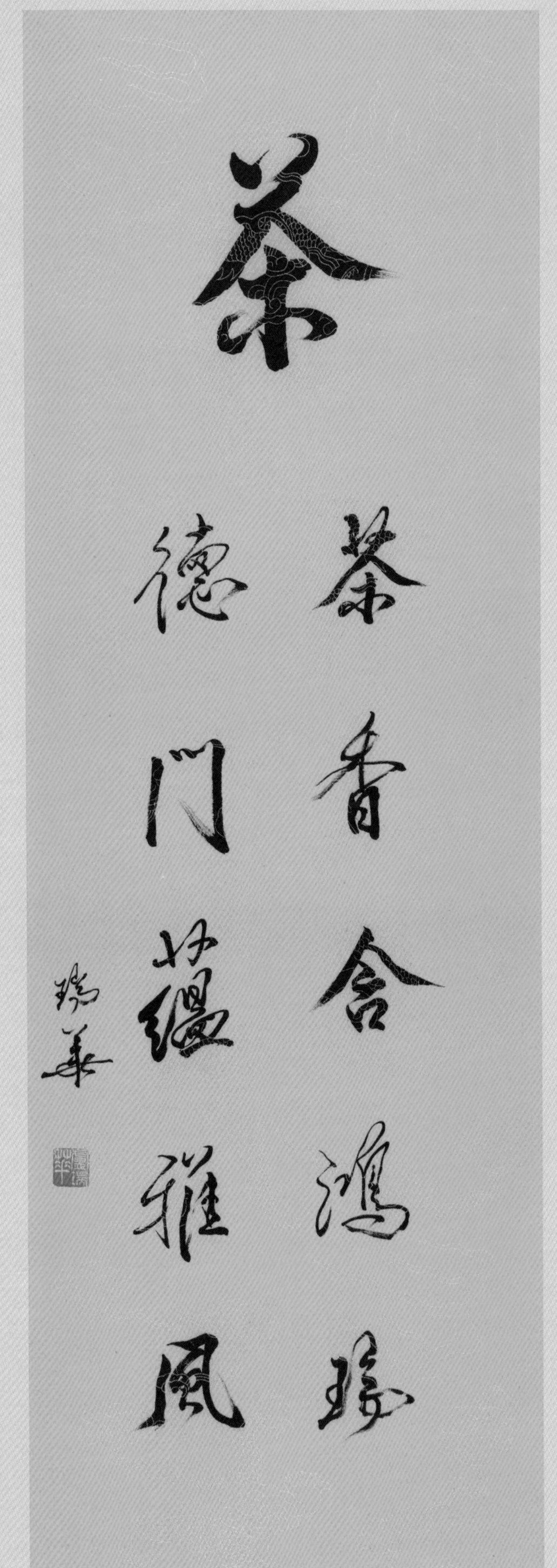

無塵

茶·茶汤苦后润　茗趣闲里真

水墨纸本　141cm×48cm

美意延年

茶·清茗开眼界　闲雅上心头

水墨纸本　138cm×48cm

天行健

茶·品茗常见月 静心总随云

水墨纸本 138cm×48cm

以茶會友

茶·静坐神高远　清步气超凡

水墨纸本　138cm×48cm

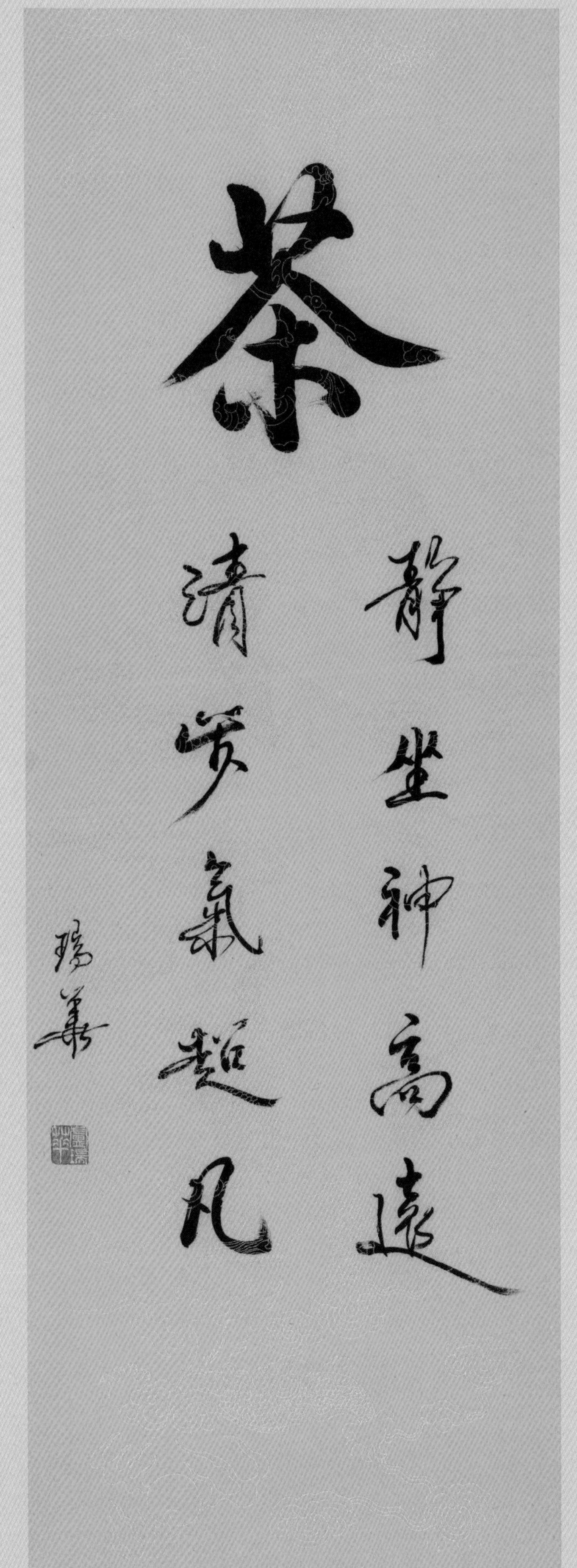

勤能生福

茶·何须千里风景　只要一杯茗茶

水墨纸本　138cm×48cm

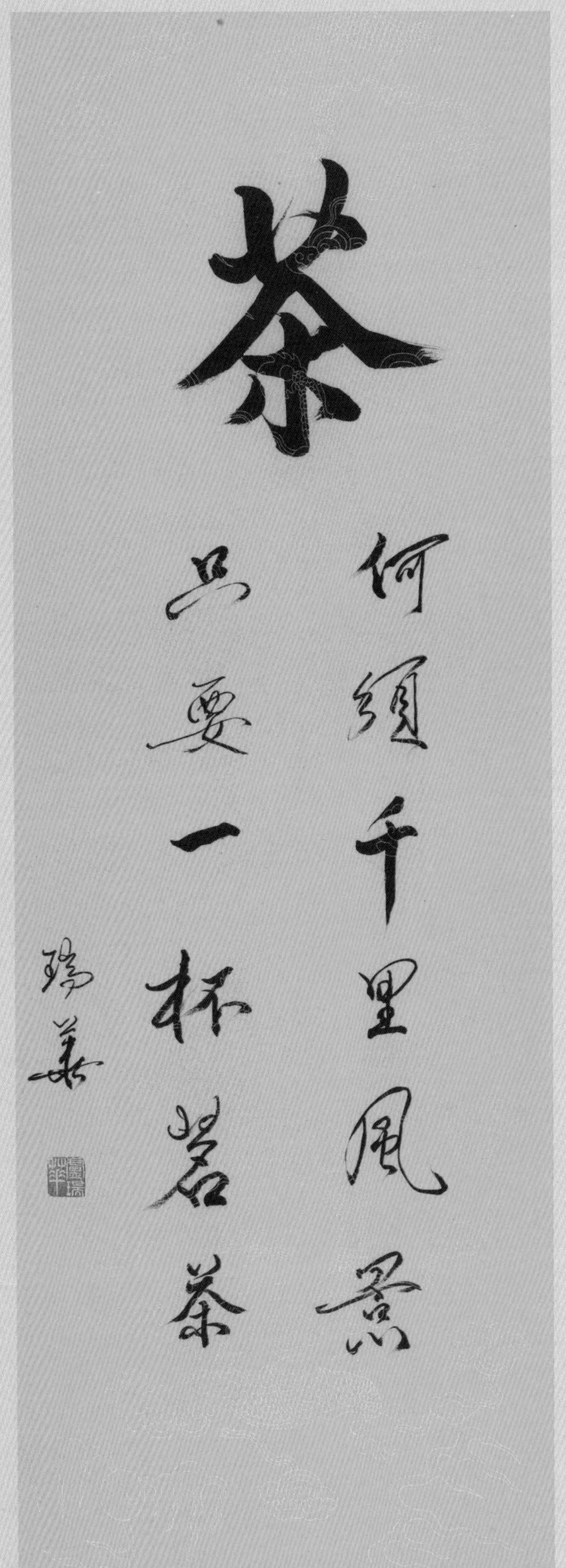

自在

茶·茗润心海 韵滋世缘

水墨纸本 136cm×50cm

茶

茗润心海

韵滋世缘

庚子

雪瑶纂

鴻禧綿長

茶·断是非语　品清净茶

水墨纸本　136cm×50cm

鸿福

茶·汲茶清韵　滋心祥和

水墨纸本　136cm×50cm

大展鴻圖

茶·四季转换　一茶相随

水墨纸本　136cm×50cm

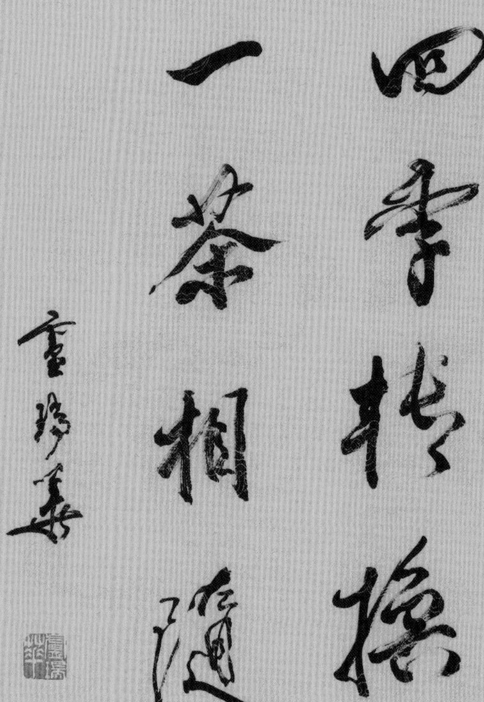

聚福

茶·茶茗滋润　纷繁泰然

水墨纸本　136cm×50cm

茶缘

茶·品茶妙其味 处世莫同俗

水墨纸本 136cm×50cm

和

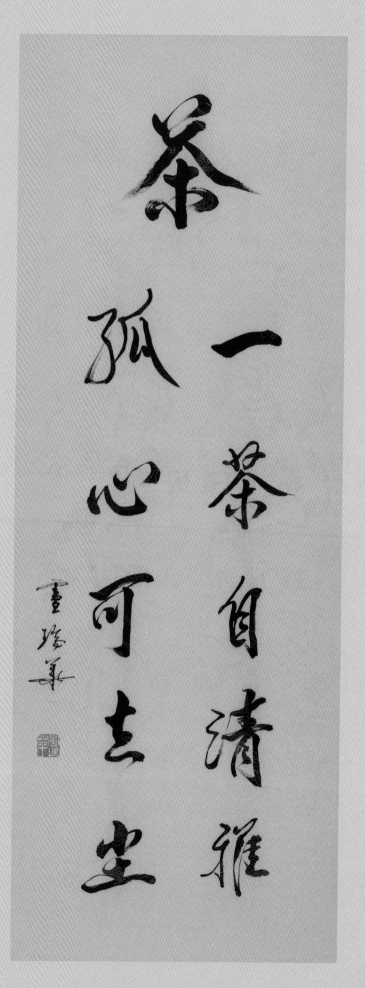

茶·一茶自清雅　孤心可去尘

水墨纸本　136cm×50cm

吉祥

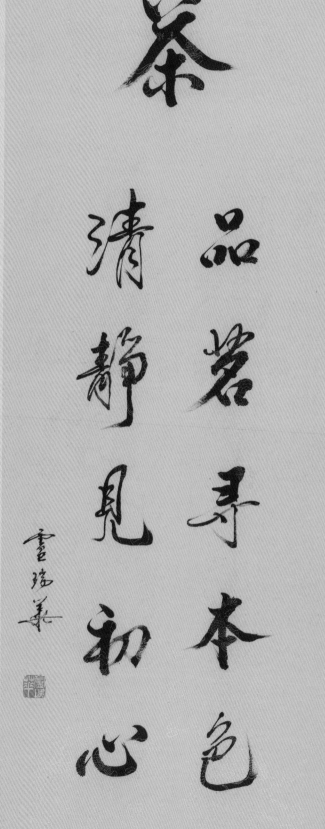

茶·品茗寻本色　清静见初心

水墨纸本　136cm×50cm

茶

品茗寻本色

清静见初心

雪瑶 姜

且寬

茶·春风随茗到　明月伴心来

水墨纸本　136cm × 50cm

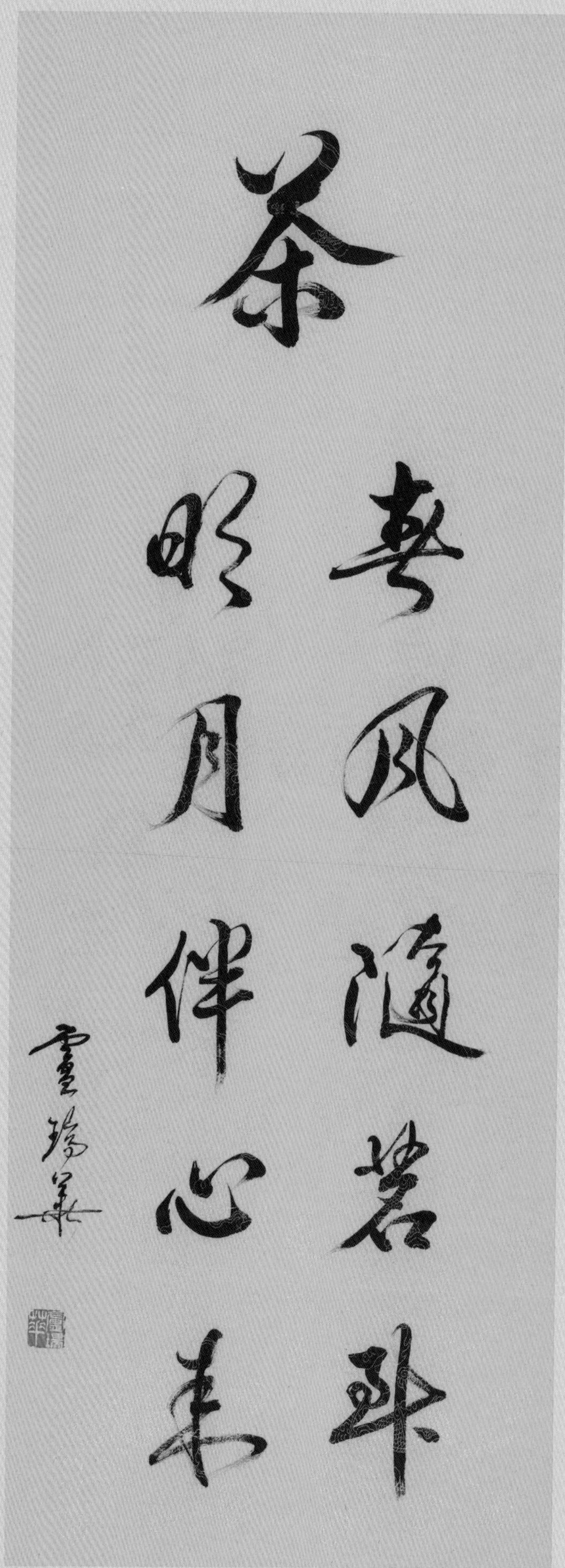

如意

茶·香茗友聚谊　杯味人润心

水墨纸本　136cm×50cm

茶
香茗友聚谊
杯味人润心

琼华

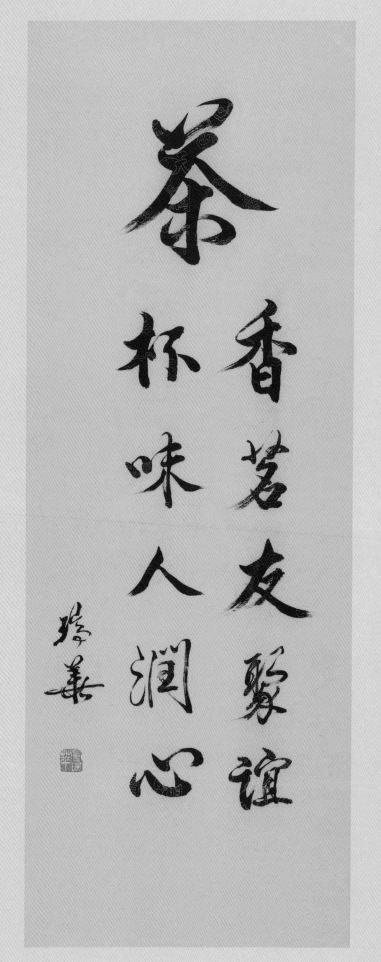

清心

茶·茗香友和谊　杯味人润心

水墨纸本　136cm×50cm

涤心

茶·随意自把盏　欣然可掬心

水墨纸本　136cm×50cm

去塵

茶·喝茶大如意 读心小安康

水墨纸本 136cm×50cm

茶・心中无烦事 茶里有知音

水墨纸本 140cm×49cm

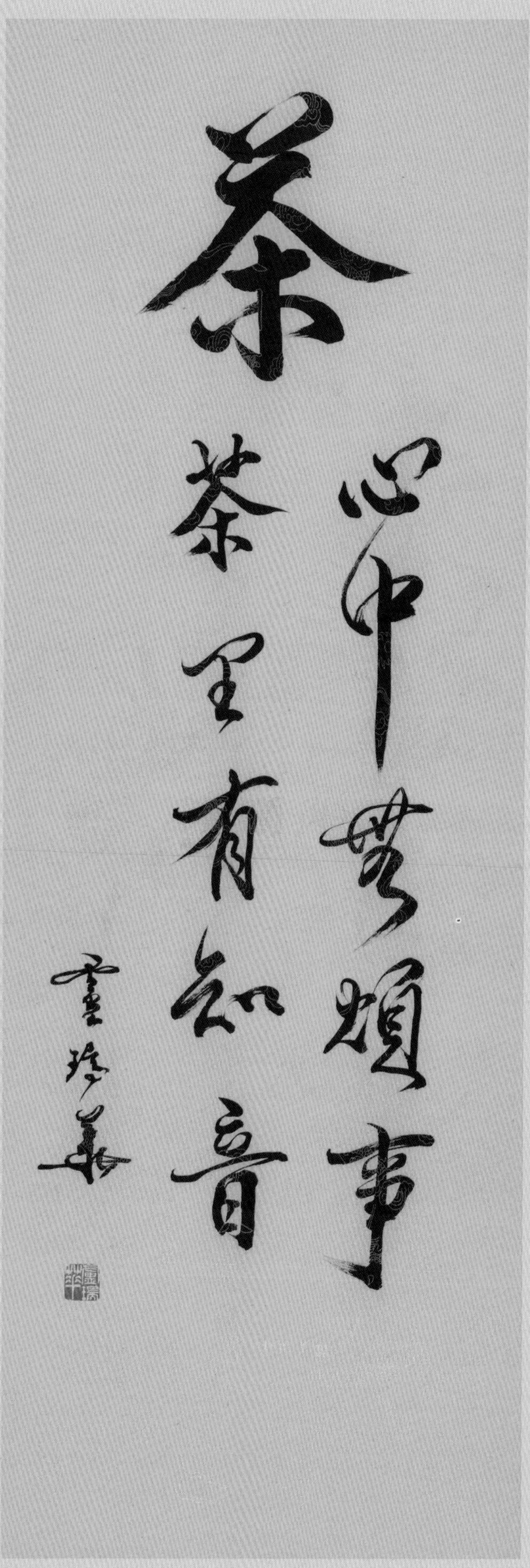

知行合一

茶·清茶品岁月　素心远是非

水墨纸本　140cm×49cm

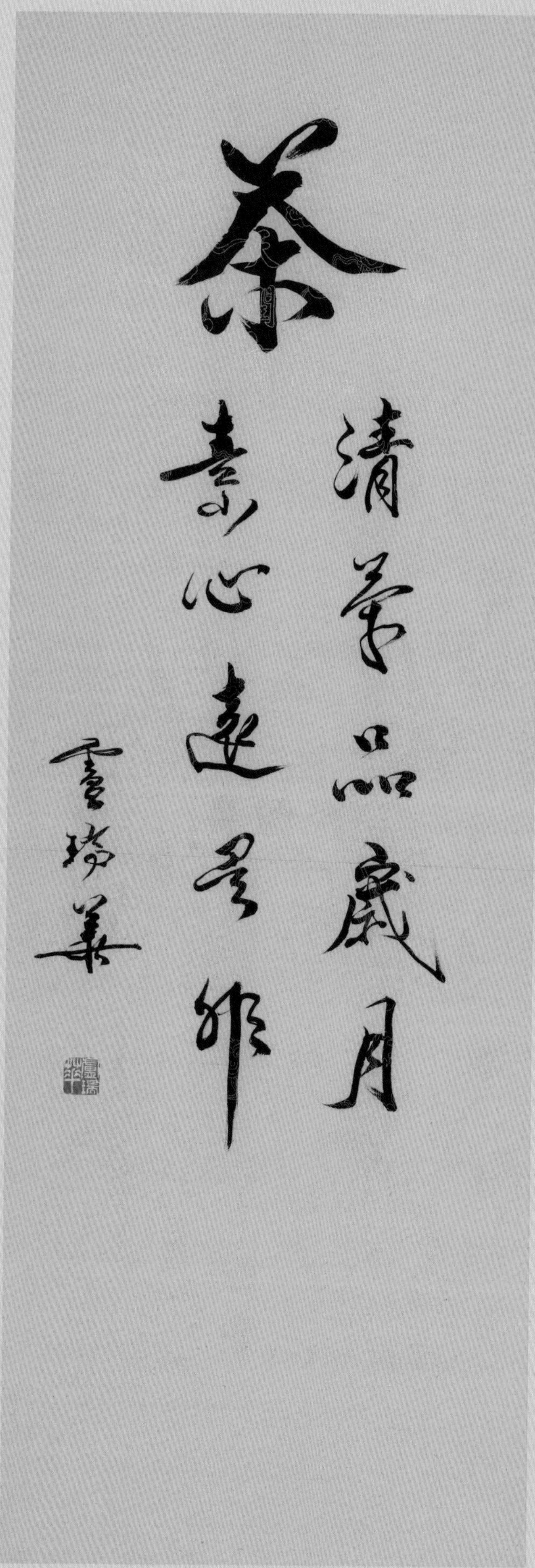

纳福

茶·面茶千杯少　入心一缕云

水墨纸本　140cm×49cm

清心

茶·茗香如春意　茶韵为秋实

水墨纸本　140cm×49cm

長樂

茶·茗无心声　善不言情

水墨纸本　140cm×49cm

行穩致遠

茶·友谊如茶　家和似山

水墨纸本　140cm×49cm

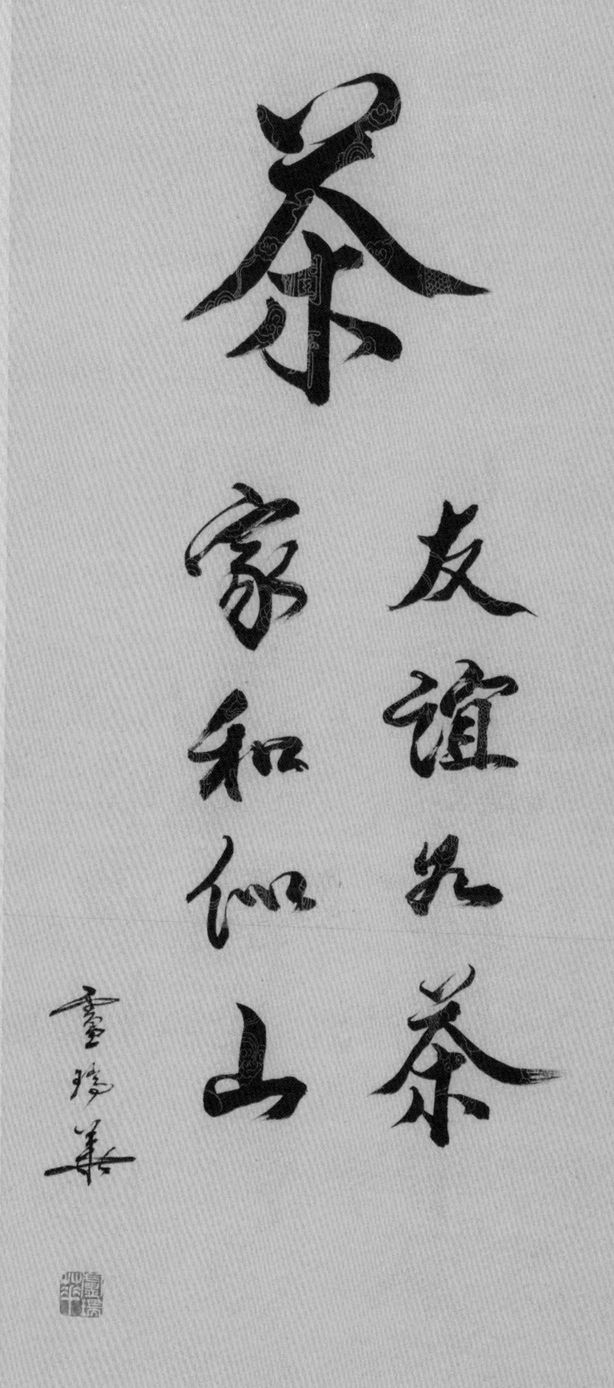

知行合一

茶·清泉入沙壶　香茗沁心田

水墨纸本　140cm×49cm

众缘和合

茶·清泉入壶　香茗沁心

水墨纸本　140cm×49cm

步步高

茶·茗香满苑　墨韵润堂

水墨纸本　140cm×49cm

聚友滙和

茶·开窗赏明月　静坐品茗香

水墨纸本　140cm×49cm

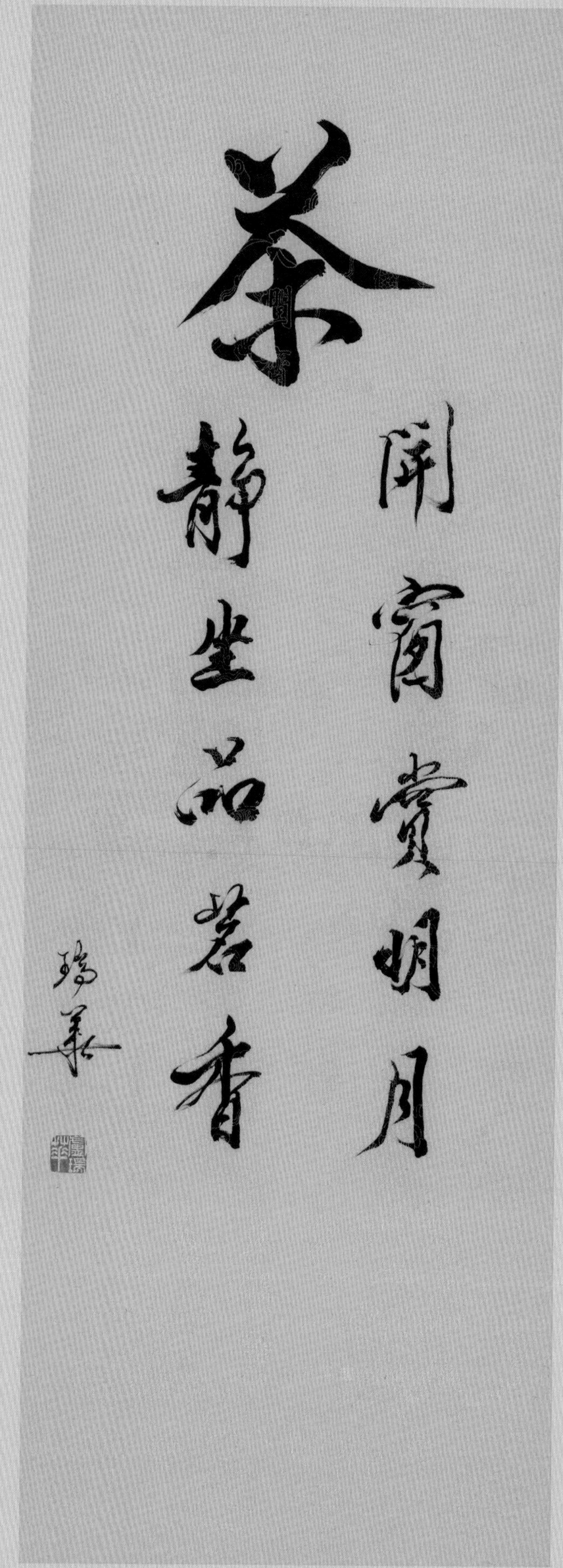

福聚

茶·庭外品茗　阁内闻香

水墨纸本　140cm×49cm

不忘初心

茶·茗香若醉　雅致如春（左、右联同）

水墨纸本　140cm×49cm×2

天天向上

茶·天地何其广　茶茗一杯余

水墨纸本　155cm×53cm

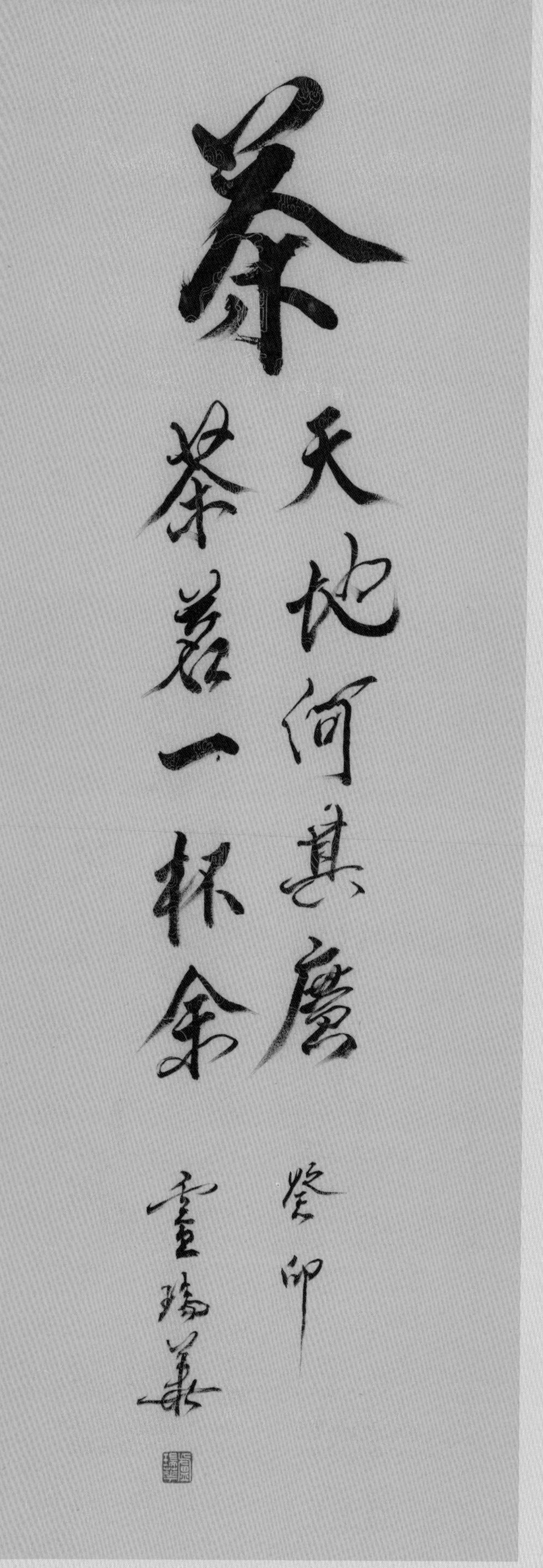

茶·心静志自亮　茶香气亦清

水墨纸本　155cm × 53cm

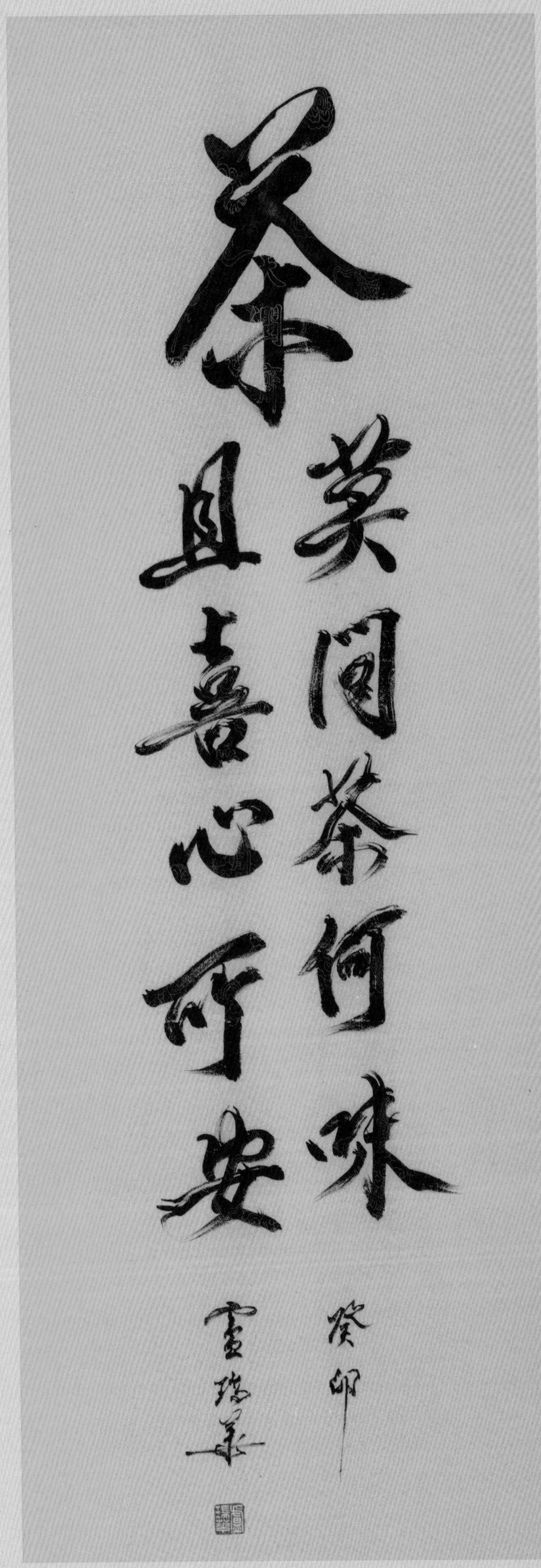

茶·莫问茶何味　且喜心所安

水墨纸本　155cm × 53cm

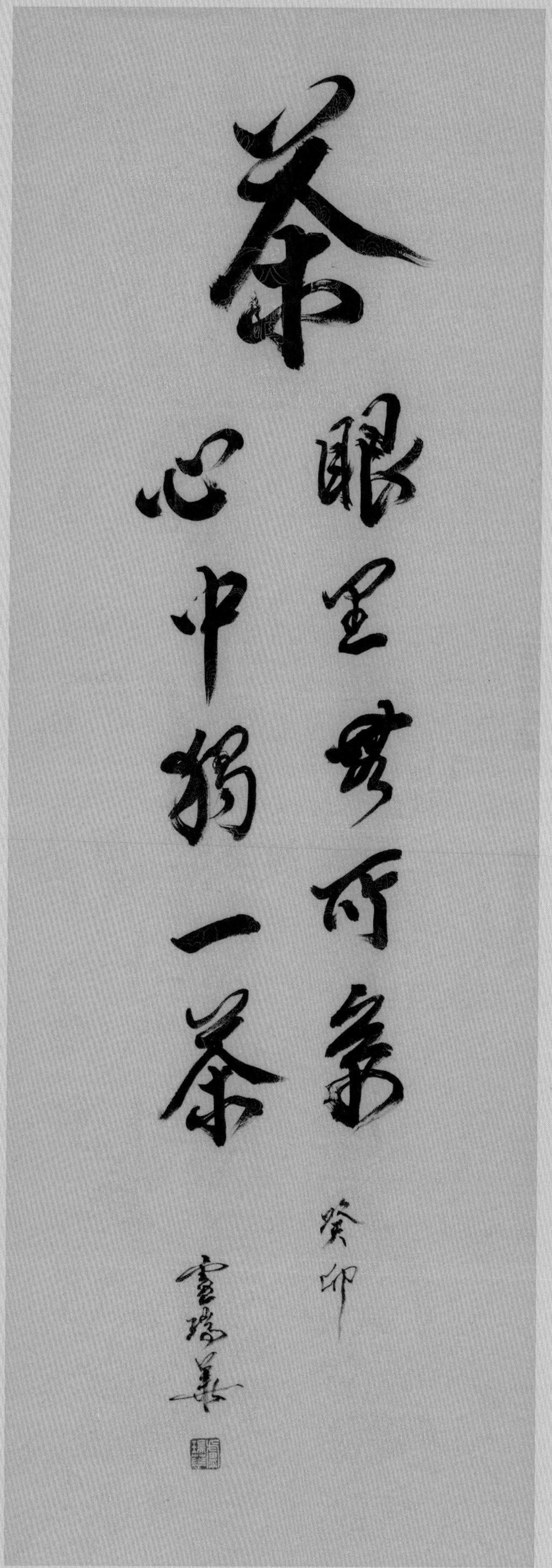

茶·眼里无所系　心中独一茶

水墨纸本　155cm×53cm

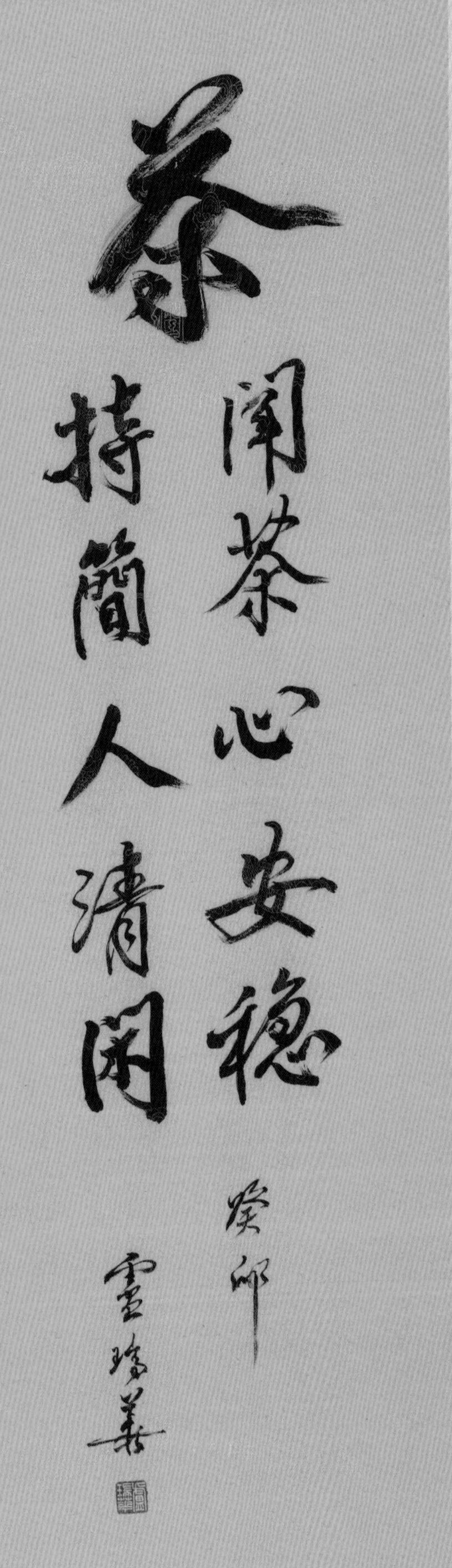

茶·闻茶心安稳　持简人清闲

水墨纸本　155cm×53cm

茶·四序诗岁月　半盏茶时光

水墨纸本　155cm × 53cm

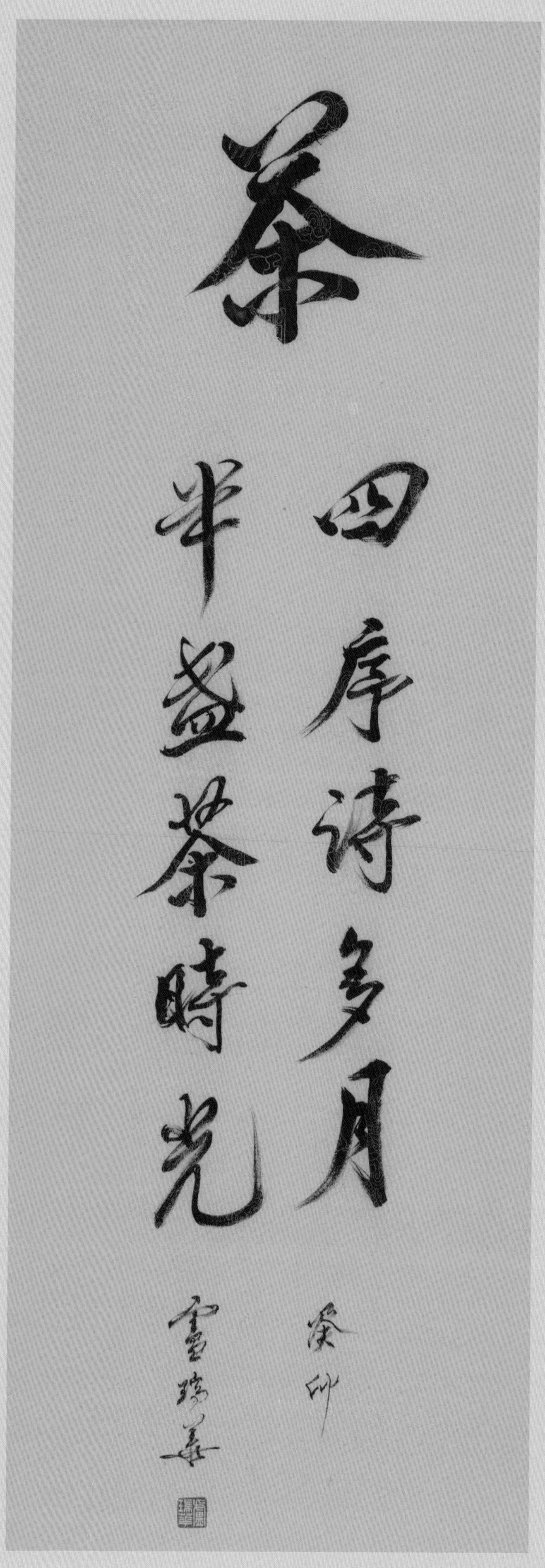

生活花絮

卢瑞华（左）和蔡润霖（右）合影

天润斋

卢瑞华在创作

卢瑞华（左）和蔡昌隆（右）合影

李闻海（右）和蔡润霖（左）合影

卢瑞华（左）和蔡昌隆（右）合影

卢瑞华（中）、李闻海（右）和蔡昌隆（左）一起茶聚

跋

瑞华同志自幼胸怀大志，要在科学的领域里做出成绩，报效祖国。所以，他读大学时报考的是中山大学（以下简称“中大”）物理系的光谱专业。1963年，大学毕业后，他又继续在中大读硕士研究生，主攻分子光谱学。他是著名物理学家高兆兰教授的第一个毕业的硕士研究生。

历史常常和人开玩笑。1966年，当他完成研究生学业时，一场史无前例的“文化大革命”爆发了！这场革命把风华正茂的卢瑞华扫到佛山市一家工厂去当一名普通工人，一切也就无从谈起了！

庆幸的是，十年后，“文化大革命”终于结束了，社会在痛惜人才匮乏之时，庆幸终于还能找到像瑞华这样的人才。于是，他被称为工程师，被称为高级工程师，又被拥立为厂长。瑞华以他的学识、他的品德，他那实实在在的工作作风，又陆续被推选为市长、常务副省长、省长。瑞华一直都想从事科学研究，不愿担任行政管理的工作，但历史不让他有这种考虑。就这样，年复一年，终于“到点了”！他从繁忙的省长位置上退下来后，立即应聘为中山大学管理学院名誉院长、教授、博士生导师，这一切来得顺理成章，终于实现了他从事科学研究的夙愿。

瑞华从小喜欢书法。从这次出版的作品看，写得很随意，但字里行间平正之气跃然纸上，这说明他在运笔方面是下过功夫的。前几年，瑞华在政务繁忙的情况下也仍然不忘对书法的探讨。他为了弄清“书贵瘦硬方通神”这句话的意思，到处不耻下问，也和我作了一番探讨。这说明瑞华确实是一位喜欢中国书法、喜欢中国传统文化，勤于思考，善于学习的人。瑞华说过：“人的一生是从零到零的奔，只求留下美好的影。”这是饱含哲理和崇高情操的一句话，我想，这句话就是这本书法集最好的跋。

吴南生